JN034592

改訂新版
HACCP導入と運用の基本

－「Codex 食品衛生の一般原則」2020 年改訂対応－

公益社団法人日本食品衛生協会

改訂新版の発刊にあたり

　「食品衛生法等の一部を改正する法律（平成 30 年法律第 46 号）」が、2018 年 6 月 13 日に公布、2021 年 6 月 1 日に施行されました。15 年ぶりとなるこの改正により、HACCP に沿った衛生管理の制度化を含め、多くの項目について衛生対策が講じられました。

　特に、HACCP に沿った衛生管理の制度化では、さらなる食品の衛生管理の向上を目的に国際水準の衛生管理体制を整えることとされました。具体的には、コーデックス HACCP に基づく「食品衛生上の危害の発生を防止するために特に重要な工程を管理するための取組（HACCP に基づく衛生管理)」と各業界団体が作成する手引書を参考に簡略化されたアプローチによる「取り扱う食品の特性等に応じた取組（HACCP の考え方を取り入れた衛生管理)」が規定され、原則として、すべての食品等事業者に対し HACCP に沿った衛生管理の実施が義務化されました。

　また、2020 年にはコーデックスの「食品衛生の一般原則（CXC 1-1969)」およびその付属書である「HACCP システムおよびその適用のための指針」が改訂されました。

　これらの状況を踏まえ、さらに適切な HACCP の導入と運用を促進するため、本書の内容を大幅に改訂いたしました。

　HACCP の実施は食品衛生管理の「見える化」です。すべての食品等事業者の皆様が円滑に導入を図り、食品全体の安全性を向上させ、食中毒等の食品事故防止に寄与することを期待しています。

2021 年 9 月

公益社団法人日本食品衛生協会
専務理事　塚　脇　一　政

　HACCP は、Hazard Analysis and Critical Control Point の略称である。わが国では「危害要因分析および重要管理点」と訳され、一般に「ハサップ」、「ハセップ」と称されている。ここでいうハザード（Hazard）は健康への悪影響を意味する危害（harm）そのものではなく、危害をもたらす要因または原因物質のことを指す。また、接続詞の and は結果や時間の順序を表しており、「危害要因分析に基づいて重要管理点が決まる」ことを意図している。

　HACCP は、1993 年 FAO（国連食糧農業機関）／WHO（世界保健機関）の合同食品規格（コーデックス）委員会が、「食品衛生の一般原則（CXC 1-1969）」の付属書として「HACCP システムおよびその適用のための指針」を提示したことにより、食品安全の管理方法として世界的に利用されることになり、HACCP を義務化する国が増加した。

　わが国では 1995 年、食品衛生法第 13 条の総合衛生管理製造過程に基づく承認制度（2023 年 6 月 1 日付けで廃止）に HACCP が組み込まれた他、自治体や業界団体による認証制度も創設され普及してきたが、いずれも任意の制度であった。2014 年には厚生労働省医薬食品局食品安全部長通知（2014 年 5 月 12 日付食安発 0512 第 6 号）により「食品等事業者が実施すべき管理運営基準に関する指針（ガイドライン）」が改正され、「従来型基準」に加え「HACCP 導入型基準」が示され、食品業界への HACCP の普及が図られた（2021 年 6 月 1 日付けで廃止）。

　その後、2016 年には「衛生管理の国際標準化に関する検討会」により国内の食品安全の更なる向上および食品流通の国際化に対応するため HACCP の定着が必要であることなどから、HACCP の制度化が提言された。ただし、食品ごとの特性や、事業者の状況等を踏まえ、小規模事業者等には十分配慮した実現可能な方法で着実な取組を推進するとされた。こうした背景を受け、2018 年 6 月、食品衛生法等の一部を改正する法律（2018 年法律第 46 号）に基づき「HACCP に沿った衛生管理」が制度化され、2021 年 6 月 1 日に完全施行された。

　本テキストは初版（2014）および改訂版（2018）を踏襲し、第 I 章（HACCP 導入の基本）および第 II 章（HACCP 運用の基本）から構成されている。

　わが国の「HACCP に沿った衛生管理」の制度化では「HACCP に基づく衛生管理」および小規模事業者等に配慮した「HACCP の考え方を取り入れた衛生管理」の二つの取組みが規定された。第 I 章では「HACCP に基づく衛生管理」について解説する。

なお、コーデックスの HACCP 適用の指針（7 原則・12 手順）は、2020 年に「食品衛生の一般原則（CXC 1-1969）」が改訂されたため、その内容を反映している。

　HACCP はいまだに難しいと思われているようであるが、その難しさの要因のひとつに用語の和訳がある。法規制上の文言は使用が限定されていることがあり、日常的にはなじみにくいきらいがある。そこで本書はカタカナ表記の方が分かり易いと思われる用語については、カタカナのまま使用することとした。

　また第Ⅱ章は HACCP システムの継続的運用に欠かせない内部検証（内部監査）の方法を、PDCA サイクルを基本に解説した。

2021 年 9 月

HACCP ベーシックテキスト改訂ワーキンググループ

編集・執筆者一覧

HACCP の基礎的な講習会（3日間）の時間配分（目安）

　わが国では HACCP チームメンバーが持つべき知識については、「HACCP に関する相当程度の知識を持つと認められる者」の要件として平成9年2月3日付衛食第31号・衛乳第36号、厚生省生活衛生局食品保健・乳肉衛生課長連名通知に示されており、3日間程度の HACCP 講習会等で学ぶことができるとされている。以下に示すスケジュールはその一例である。

　様々な受講者がいるのでスケジュールは柔軟性を持たせてよいが、講義と演習から構成する必要がある。時間配分は受講者の理解度に合わせ、調整する必要がある。また、原則1：ハザード分析の実施の講義の直後に、演習1：ハザード分析の実施を行うなど、講義と演習の順番を入れ替えることができる。

　近年、受講者の便宜を図るためインターネットを利用した講習会が開催されるようになっている。その場合、時間配分は講義が2/3、演習は1/3程度が望ましい。講義は e ラーニングが可能であるが、演習は対面方式での実施が望ましい。昨今の情勢から演習も遠隔方式で実施する場合は、参加者（講師および受講者）の顔が PC 越しに見えて、質疑応答が可能なミーティング方式が望まれる。

　なお、本テキストには個々のハザードの詳細について記載していないため、講師が受講者のニーズに合わせて資料を準備するとよい。

第1日：

　開講

　20分　　挨拶、オリエンテーション、受講者自己紹介、講習会の目的など

　30分　　用語および HACCP システムの紹介

　90分　　ハザードとは（生物的、化学的および物理的ハザード）：本テキストには含まない。

　60分　　一般衛生管理プログラム

　30分　　HACCP プラン作成の準備段階：手順1～5

　90分　　原則1：ハザード分析の実施

　60分　　原則2：CCP の決定

第2日：

　40分　　原則3：妥当性確認された管理基準（CL）の設定

　60分　　原則4：モニタリングシステムの設定および原則5：改善措置の設定

　60分　　原則6：HACCP プランの妥当性確認および検証方法の設定

　30分　　原則7：文書および記録方法の設定

　210分　　演習1：ハザード分析の実施

第3日：

　180分　　演習2：CCP の決定と HACCP プランの作成

　150分　　演習3：演習結果の発表

30分　修了試験
30分　復習、HACCP に関する諸制度の紹介および講評
閉講

目　　　次

第Ⅰ章　やってみましょう HACCP：HACCP システムの導入

第Ⅰ章　やってみましょうHACCP：HACCPシステムの導入

1. HACCP システムとは

1）HACCP の歴史

　HACCP システムは、1960 年代に米国で開始された宇宙開発計画（アポロ計画）の一環として宇宙食の微生物学的安全性確保を目的に開発され、1971 年に「第 1 回米国食品防護委員会」において初めて公表された。宇宙開発計画では、製造されたすべての宇宙食（全数）に対して安全性の保証が求められていたことから、最終製品の検査に頼っていた従来の保証方法には限界があることがわかった。そこで重要なハザード（Hazard：危害要因）を管理する工程（CCP）を設定し、その管理（モニタリング）と記録によって全数の安全性を保証する HACCP システムの概念が示された。

　1973 年、米国 FDA（食品医薬品局）は低酸性缶詰食品の GMP（適正製造規範）規則（21CFR Part 113）に HACCP システムの考え方を取り入れた。1985 年に米国科学アカデミーの食品防護委員会が、食品生産者に対して HACCP システムによる自主衛生・品質管理方式を積極的に導入すること、および行政当局に対しては法的強制力のある HACCP システムの採用を勧告した。その後、1989 年には米国食品微生物基準諮問委員会（NACMCF；National Advisory Committee on Microbiological Criteria for Foods）が設立され、1992 年に HACCP の原則を勧告した（その後 1997 年に、以下に述べるコーデックスの HACCP 適用の 7 原則・12 手順に基づき一部改訂した）。

　さらに 1993 年にはコーデックス委員会の食品衛生部会（CCFH）が、HACCP 適用の指針の作成を開始した。HACCP 適用の指針は 1997 年に、食品衛生の一般原則（General Principles of Food Hygiene）（CXC 1-1969）（以下、GPFH）の付属書として収載された。

　CXC 1-1969 は、2003 年に小規模事業者が HACCP を適用するための柔軟な取り組みを追加するなどの改訂があった。さらに 2020 年の大幅な改訂により、HACCP 適用の指針は付属書ではなく本文の第 2 章に組み込まれた。第 1 章の適正衛生規範（Good Hygienic Practices：GHPs）も約 50 年振りに改訂された。第 2 章の HACCP 適用の指針では、HACCP の適用は、前提条件プログラム（Prerequisite programmes；PRP）として GHP を実施した後に、ハザード分析（原則 1）を実施することから始まる。その結果、GHP だけでは低減／排除できない食品中の重要なハザードがあれば、ハザード分析（原則 1）を行って管理手段（管理措置）および重要管理点（CCP）を決定（原則 2）し、HACCP プランを作成する手順（原則 3 ～ 7）が述べられている。

コーデックスの「**食品衛生の一般原則**」（CXC 1-1969, Rev. 2020）の構成：

序文：目的、適用範囲、使用（一般、規制機関、食品事業者および消費者の役割）、一般原則、食品安全へのコミットメント、定義

第 1 章：適正衛生規範（GHP）

　1. 序章および食品ハザードのコントロール

　2. 一次生産

　3. 施設：設備および機械器具のデザイン

---

4. トレーニングおよび力量
5. 施設のメンテナンス、洗浄・消毒およびペストコントロール
6. 従業員衛生
7. 食品等の取扱い
8. 製品の情報および消費者の認識
9. 輸送
第2章：HACCP システムとその適用のための指針
　序章
1. HACCP システムの原則
2. HACCP システムの適用のための一般指針
3. 適用
　別添：管理手段の比較

　HACCP システムは食品衛生全体をそれだけで担うものではなく、特定の重要なハザードを管理し、食品の安全性を保証するための道具（tool）である。HACCP は単独で機能するシステムではなく、適切な PRP と組み合わせなければ食品の安全性を保証できない。

前提条件プログラムと HACCP システムの関係：

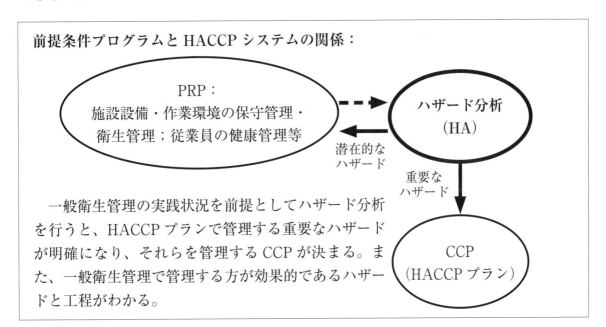

　一般衛生管理の実践状況を前提としてハザード分析を行うと、HACCP プランで管理する重要なハザードが明確になり、それらを管理する CCP が決まる。また、一般衛生管理で管理する方が効果的であるハザードと工程がわかる。

　改正食品衛生法に基づく HACCP 制度化は、食品衛生法第 51 条第 1 項第 2 号に規定されている。HACCP に沿った衛生管理は、重要管理工程のための取組み基準として食品衛生法施行規則第 66 条の 2 第 2 項別表第 18 に規定されている。
　また、一般衛生管理を含む前提条件プログラム（PRP）は、食品衛生法第 54 条に基づく施設の基準、食品衛生法施行規則第 66 条の 2 第 1 項別表第 17 に規定されている。さらに、食品衛生法施行規則第 66 条の 2 第 3 項により、一般衛生管理および HACCP に沿った衛生管理の計画の作成と実施が規定されている。

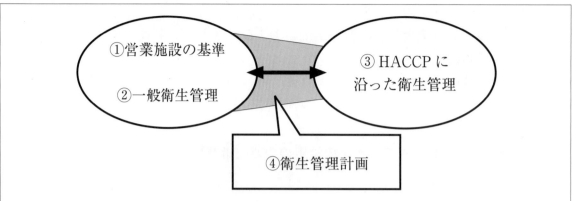

①第54条：営業施設の基準（施行規則第66条の7別表第19, 20, 21）

②第51条第1項第1号：一般衛生管理の基準（施行規則第66条の2第1項別表第17）：一般衛生管理の詳細

③第51条第1項第2号：重要管理工程のための取組みの基準（施行令第34条の2：小規模な営業者等；施行規則第66条の2第2項別表第18）

④施行規則第66条の2第3項：衛生管理計画

・除外規定　食品衛生法第57条：施行規則第66条の2第4項、第66条の3、4

公衆衛生上必要な措置（食品衛生法施行規則第66条の2第1項別表第17）

1.	食品衛生責任者等の選任
2.	施設の衛生管理
3.	設備等の衛生管理
4.	使用水等の管理
5.	ねずみおよび昆虫対策
6.	廃棄物および排水の取扱い
7.	食品（または添加物）を取り扱う者の衛生管理
8.	検食の実施
9.	情報の提供
10.	回収・廃棄
11.	運搬
12.	販売
13.	教育訓練

HACCP に沿った衛生管理の基準（食品衛生法施行規則第 66 条の 2 第 2 項別表第 18）

1.	危害要因の分析
2.	重要管理点の決定
3.	管理基準の設定
4.	モニタリング方法の設定
5.	改善措置の設定
6.	検証方法の設定
7.	記録の作成
8.	小規模事業場等に対する弾力的な運用（HACCP の考え方を取り入れた衛生管理）

2）HACCP システムの特徴

　HACCP システムは、ハザードの発生を予防的に管理するシステムであり、危害（harm）が発生した後に対応するためのものではない。科学的根拠に基づいて、生物的、化学的および物理的なハザードの発生を予防する道具（tool）といえる。

　HACCP システムはハザードの発生をゼロにするシステムではないが、食品の安全性をおびやかす可能性のあるハザードの発生を限りなく最小限にするために設計されたものである。また、日常の衛生管理は、従来の最終製品の検査に依存した安全性の確保から、工程管理、特に重要管理点（CCP）の管理状態のチェックに集中することになる。

　HACCP システムを導入している施設においては、HACCP チームは重要なハザードの発生を管理するために厳重に管理すべきと決定した CCP について、モニタリング、改善措置および検証活動結果の記録を定期的に検証（内部検証・監査）することにより、日常どのような衛生管理、工程管理が行われているか把握できるようになっている。

　同様に保健所の食品衛生監視員をはじめとする外部からの査察者も、それらの記録を調査することにより、当該施設の日常的なハザードの管理状態および衛生管理状態を把握することができる。

　HACCP システムは、食品の原材料の生産から、最終製品が消費者に消費されるまでのすべての過程に適用することができるとされている。このシステムの導入により、食品の安全性が向上することはもちろん、資源をより有効に利用できること、衛生上の危害発生時に適切に対処できるようになること、クレームの減少、行政による監視・指導が効果的・効率的に行えるようになること、食品の安全性に関して国際的な信頼性が高まることなどが期待できる。

　ただし、コーデックスの HACCP 適用の 7 原則・12 手順は、主に適用時の手順を示したものである。HACCP チームによる 12 手順に沿った作業の成果物は HACCP プランである。HACCP プランは PDCA サイクルの P（Plan）である。HACCP システムを有効に利用し続けるためには、HACCP プランどおりのモニタリング、改善措置の実施、記録付けとその管理（Do）、定期的なシステムレベルの検証（Check）および継続的改

善（Act）が欠かせない。具体的なHACCPシステムの検証については第Ⅱ章に記載する。

PDCA サイクルと HACCP システム：	
Plan	・HACCP プランの作成：HACCP プランの妥当性を確認し作成する。 ・PRP の手順を定め衛生管理計画を作成：実施状況の確認方法を決める。
Do	・HACCP プランどおりの運用：モニタリングや検証をプランどおりに行い、記録する。CL からの逸脱時は改善措置を実施し、記録する。 ・PRP の衛生管理計画どおりの運用：実施状況を確認し、記録する。不適合があれば修正し、記録する。
Check	・HACCP システム全体の検証：定期的および必要に応じて実施する。 ・PRP の検証：衛生管理計画および手順書の有効性を評価する。
Act	・検証結果に基づいて、HACCP システムを維持または修正する。 ・検証結果に基づいて、衛生管理計画および手順書を維持または修正する。

2. 用語および定義

　本テキストで使用する用語の定義は、コーデックスの食品衛生の一般原則（General principles of food hygiene；GPFH）（CXC 1-1969）の 2020 年改訂版による（以下、GPFH 2020）。GPFH 2020 で HACCP 適用の指針は本文の第 2 章に組み込まれたため、HACCP 適用の指針に限らず GPFH 2020 全体の定義を示している。

　厚生労働省令第 87 号、別表第 18（食品衛生法施行規則第 66 条の 2 第 2 項関係）に定められている用語には※を付した。

許容レベル（acceptable level）：食品中のハザードのレベルで、それ以下であれば食品は意図する使用法において安全と考えられる。

アレルゲンの交差接触（allergen cross-contact）：アレルゲン性食品（アレルギー誘発性の食品）または成分を含むことが意図されていない別の食品に、他のアレルゲン性食品または成分が意図せずに混入すること。

洗浄（cleaning）：土壌、食品残渣、ほこり、グリースまたはその他の好ましくない物質を除去すること。

規制機関（competent authority）：食品安全規制要求事項の設定および／または施行を含む公的管理の組織化に責任を負う政府当局または政府から権限を与えられた公的機関。

汚染物質（contaminant）：食品の安全性または適合性を損なう可能性のある、生物的、化学的または物理的な要因、異物、またはその他の物質で、食品に意図的に添加されていないもの。

汚染（contamination）：食品または食品環境に汚染物質が混入または発生すること。

管理／コントロール（control）：
　名詞で使用する場合：正しい手順に従っており、すべての確立された規格を満たしている状態。
　動詞で使用する場合：確立された規格や手順の遵守を確実にし、維持するために必要なすべての措置をとること。

管理手段／管理措置※（control measure）： ハザードを予防、除去または許容レベルまで減少させるために用いることができる、あらゆる措置または活動。

改善措置（corrective action）： 逸脱が発生したときにコントロールを再確立し、影響を受けた製品がもしあれば、それを隔離し、処分をするためにとり、かつ逸脱の再発生を防止または最小化するためにとるあらゆる措置。

重要管理点（critical control point；CCP）： HACCP システムにおいて、重要なハザードをコントロールするために必須の、1つまたは複数の管理手段が適用される工程。

管理基準／許容限界（critical limit；CL）： CCP の管理手段に関連し、食品の許容性と非許容性を分ける観察可能または測定可能な基準。

逸脱（deviation）： CL を満たすこと、または GHP 手順に従うことからの失敗。

消毒（disinfection）： 生物的または化学的物質および／または物理的方法によって、表面、水中または空気中の生きている微生物数を食品安全または適切性を損なわないレベルまで減らすこと。

フローダイアグラム／工程図（flow diagram）： 食品の生産または製造に用いられる工程の順序の体系的な表現。

食品事業者（food business operator）： フードチェーンのあらゆる段階で事業を経営する責任を有する事業者。

食品取扱者（food handler）： 包装済または未包装の食品、機械装置および食品に用いられる器具、または食品と接触する表面を直接取り扱うため、食品衛生要件を遵守することが期待されるすべての人。

食品衛生（food hygiene）： フードチェーンのあらゆる段階において食品の安全性および適切性を確保するために必要なすべての条件および手段。

食品衛生システム（food hygiene system）： 前提条件プログラム（PRP）に、必要に応じて CCP における管理手段を補強したもので、全体としてみると、食品が安全で、意図し

た用途において適していることを保証するシステム。

食品安全（food safety）：意図される用途に従って調理および／または消費されたときに、消費者に健康上の悪影響をもたらさないという保証。

食品の適切性（food suitability）：意図される用途に従って、食品が人の消費に適していることの保証。

適正衛生規範／GHP（good hygiene practices; GHPs）：安全で適切な食品を提供するために、フードチェーン内のあらゆる段階で適用される基本的な手段および条件。

HACCP プラン／ハサッププラン（HACCP plan）：食品事業における重要なハザードを確実にコントロールするために、HACCP の原則に従って用意された文書または一連の文書。

HACCP システム／ハサップシステム（HACCP system）：HACCP プランの作成およびそのプランに従った手順の実施。

ハザード／危害要因※／危害の原因となる物質※（hazard）：健康への悪影響を引き起こす可能性のある食品中に存在する生物的、化学的、または物理的要因。

ハザード分析／危害要因分析※（hazard analysis）：原材料、その他の材料、環境、（製造）工程または食品中に特定されたハザード、ならびにその存在にいたる条件に関する情報を収集しおよび評価し、さらに、それらが重要なハザードであるか否かを判断するプロセス。

モニター（monitor）：管理手段がコントロール下にあるかを評価するため計画された、コントロールパラメータの観察または測定を実施する一連の行為。

一次生産（primary production）：フードチェーンの中で、農業生産物の貯蔵および適切な場合輸送を含むまでの段階。これには作物の栽培、魚や動物の飼育、および植物、動物または動物の製品を農場または自然の生息環境から収穫することを含む。

前提条件プログラム（prerequisite programme; PRP）：HACCP システムの実施の基礎となる基本的な条件と運用条件を確立するための、GHP、GAP（適正農業規範）、GMP（適正製造規範）およびトレーニングやトレーサビリティなどの他の規範や手順を含むプログラム。

重要なハザード（significant hazard）：ハザード分析によって特定されたハザードで、コントロールのない状態では、許容できないレベルまで発生することが合理的に考えられ、食品の意図する用途のため、そのコントロールが必須なハザード。

ステップ／手順（step）：原材料を含む、一次生産から最終消費までのフードチェーンにおけるポイント、手順、作業または段階。

管理手段の妥当性確認（validation of control measures）：管理手段または管理手段の組み合わせが適切に実施された場合、特定した結果のとおり、ハザードをコントロールすることができるという根拠の入手。

検証（verification）：管理手段が意図したとおりに機能しているか決定するため、モニタリングに加えて行われる方法、手順、検査およびその他の評価の適用。

3. ハザードとは

　ハザードとは、健康に悪影響をもたらす原因となる可能性のある食品中の要因と定義され、通常、次の3つに分類される。

① 生物的：食品中に含まれる病原細菌、ウイルス、寄生虫およびそれらの産生する毒素
② 化学的：食品中に含まれる有害化学物質（食物アレルゲンを含む）
③ 物理的：食品中に含まれる異物

　参考として各分類の潜在的ハザードの例を示す。いずれもフードチェーンにおいて適切に管理されないと、許容できないレベルまで発生し得ることが合理的に考えられる（reasonably likely to occur）ものである。また、時代とともに変遷することがあるので、常に最新の情報に注意する必要がある。

生物的ハザードの例：
・ウイルス：ノロウイルス、A 型肝炎ウイルス、E 型肝炎ウイルス
・細菌：
　　芽胞形成菌：セレウス菌、ボツリヌス菌、ウエルシュ菌
　　芽胞非形成菌：病原性大腸菌、カンピロバクター・ジェジュニ／コリ、サルモネラ、黄色ブドウ球菌、腸炎ビブリオ、リステリア・モノサイトゲネス、エルシニア・エンテロコリチカ
・寄生虫：
　　原虫類：クリプトスポリジウム、サイクロスポラ、トキソプラズマ
　　胞子虫類：クドア・セプテンプンクタータ、サルコシスティス・フェアリー
　　蠕虫類（条虫、線虫、吸虫）：裂頭条虫、大複殖門条虫、アニサキス、シュードテラノーバ、旋尾線虫、顎口虫、横川吸虫

化学的ハザードの例：
・自然に存在する化学物質：自然毒（カビ毒、貝毒、フグ毒、ヒスタミンなど）、
　　　　　　　　　　　　　　食物アレルゲン
・意識的に添加する化学物質：食品加工・製造における使用基準のある食品添加物、
　　　　　　　　　　　　　　農場における農薬・動物用医薬品
・無意識に、あるいは偶発的に混入する化学物質：放射性物質・重金属・環境汚染
　　　　　　　　　　　　　　　　　　　　　　　物質、農薬・動物用医薬品、工
　　　　　　　　　　　　　　　　　　　　　　　場内で使用する消毒剤・殺鼠
　　　　　　　　　　　　　　　　　　　　　　　剤・洗剤・潤滑油・ペンキなど

物理的ハザードの例：
・ガラス片
・金属片
・硬質異物など

4. HACCPシステム適用の7原則・12手順

HACCPシステム適用の7原則：
原則1：ハザード分析
原則2：重要管理点（CCP）の決定
原則3：妥当性確認された管理基準（CL）の設定
原則4：モニタリングシステムの設定
原則5：改善措置の設定
原則6：HACCPプランの妥当性確認および検証手順の設定
原則7：文書および記録方法の設定

　HACCPプランの作成は、1993年にコーデックス委員会により示されたHACCPシステム適用の指針（7原則・12手順）に従って行う。指針は2020年に一部改訂された食品衛生の一般原則（CXC1-1969 Rev.2020）の第2章に組み込まれた。7原則・12手順に大幅な変更はないが、本書では2020年版を踏まえ解説する。
　手順1〜5はハザード分析（手順6・原則1）を実施するための準備となる作業である。ハザード分析はHACCPシステムの根幹となる作業である。手順7〜12はそれぞれHACCPプランに盛り込むべき内容である。

> **HACCP システム適用のための 7 原則・12 手順（2020）：**
> 手順 1：HACCP チームの編成
> 手順 2：製品の記述
> 手順 3：意図される用途および使用者の特定
> 手順 4：フローダイアグラムの作成
> 手順 5：フローダイアグラムの現場確認
> 手順 6：ハザード分析の実施（原則 1）
> 手順 7：重要管理点（CCP）の決定（原則 2）
> 手順 8：妥当性確認された管理基準（CL）の設定（原則 3）
> 手順 9：モニタリング方法の設定（原則 4）
> 手順 10：改善措置の設定（原則 5）
> 手順 11：HACCP プランの妥当性確認および検証手順の設定（原則 6）
> 手順 12：文書および記録方法の設定（原則 7）

　また、この 12 手順を実施する前に、HACCP システムの前提条件プログラム（PRP）となる一般衛生管理プログラムを確立しておくことが必要である。

5. 前提条件プログラム／一般衛生管理プログラム（Prerequisite Programme：PRP）

1）前提条件プログラム／一般衛生管理プログラムとは何か

> **前提条件プログラム／一般衛生管理プログラムとは：**
> 　HACCP システムの実施の基礎となる基本的な条件と運用条件を確立するための、適正衛生規範（GHP）、適正農業規範（GAP）、適正製造規範（GMP）およびトレーニングやトレーサビリティなどの他の規範や手順を含むプログラム

　前提条件プログラム／一般衛生管理プログラムとは、HACCP システムによる食品衛生管理の基礎として整備しておくべき手順および食品取扱環境の衛生管理計画のことで、すべての食品事業者が実施すべき施設・設備・機械器具の構造、保守管理および衛生管理、従業員の衛生管理および教育訓練、製品の回収等にかかわる一般的事項である。
　わが国における一般衛生管理プログラムの対象は、食品衛生法第 54 条の施設基準ならびに食品衛生法施行規則第 66 条の 2 第 1 項別表第 17 および第 66 条の 2 第 3 項別表第 19 のとおりである。

2) なぜ前提条件プログラム／一般衛生管理プログラムが必要なのか

> **一般衛生管理プログラムの必要性：**
>
> HACCP システムは、それ単独で機能するものではなく、包括的な衛生管理システムの一部であり、HACCP システムを効果的に機能させるためには、その前提条件となる一般衛生管理プログラムが必要

　米国では食品の衛生管理の手法として、従来から GMP（適正製造規範：旧 21CFR Part 110）規則*が実施されてきた。GMP は製造環境を清潔、きれいにすれば安全な製品が製造できるであろうとの考えのもと、製造環境の整備、衛生確保に重点がおかれ、また規則は要件のみが示され、それを達成するための具体的な手法については規定されていなかった。また、要求事項が多いため、どこが重要かを絞り込めなかったことから、安全確保のための注意が散漫になる傾向が否めなかった。これらに対する反省に基づき、ハザードの発生予防上極めて重要な（必須の）工程管理（CCP）のコントロールに注意を集中させたのが HACCP システムである。

　しかし、CCP だけに注意を集中しても衛生管理の土台となる製造環境、原材料、包装資材、従事者などの衛生管理が疎かになった場合は、食品の安全性確保は困難となる。したがって CCP 管理に注意を集中できるよう、製造環境などからの汚染を効果的に管理することによって、重要なハザードの数を減らすことで HACCP システムは所期の目標を達成し得る。

　*米国では、2011 年に食品安全強化法（Food Safety Modernization Act：FSMS）が公布された。それに伴い 2015 年 11 月、21 CFR Part 117（人向け食品の GMP ならびにハザード分析およびリスクに応じた予防管理規則）が施行された。21 CFR Part 117 のなかに GMP と HACCP が組み込まれている。水産食品の HACCP 規則（21 CFR Part 123）およびジュースの HACCP 規則（21 CFR Part 120）は、個別の規則として維持されている。

3）一般衛生管理事項

　一般衛生管理プログラムは 1993 年にコーデックス委員会が作成した GPFH（CXC 1-1969）が基本となっている。改訂された GPFH 2020 では第 1 章（Good Hygiene Practices：GHPs）に示されている。

　わが国における一般衛生管理プログラムの実施方法は、食品衛生法施行規則第 66 条の 2 第 3 項（衛生管理計画）に規定されている。次の①から⑦となっており、PDCA *サイクルを組み込んだものとなっている。

　*P（Plan）は目標を設定して取り組む計画を立てること、D（Do）は計画したとおり実行すること、C（Check）は目標、計画に照らしてチェックすること、A（Act）は必要に応じて改善するための措置をとることである。

① 施設の衛生管理および食品（または添加物）の取扱い等に関する計画を作成する。

② 食品（または添加物）を取り扱う者および関係者に周知を図る。

③ 施設設備、機械器具の構造・材質および食品の製造・加工工程を考慮し、これらの工程で必要な衛生管理を適切に行うための手順書を、必要に応じて作成する。

④ ①衛生管理計画および③手順のとおり実施し、実施状況を記録する。

⑤ 実施状況の記録を保存する。

なお、記録の保存期間は、取り扱う食品（または添加物）が使用され、または消費されるまでの期間を踏まえ、合理的に設定する。

⑥ ①衛生管理計画および③手順書の効果を検証（記録の見直し、試験検査など）する。

⑦ 必要に応じてその内容を見直して、①衛生管理計画および③手順書を修正する。

4）手順書の作成

衛生管理計画を作成し、実施するために、必要に応じて手順書を作成することとされている。手順書で規定すべき事項は、①作業内容、②実施頻度、③実施担当者、④実施状況の確認および記録の方法の4点となる。とくに日常的な衛生管理の「実施状況の確認および記録の方法」を定めることがポイントである。

前提条件プログラム／一般衛生管理の役割は、特定のハザードだけでなく、幅広い汚染物質による汚染防止、混入防止あるいは増大（増加）を防ぐことなどである。

日常的な衛生管理の手順書の対象領域は、1）施設の衛生管理および保守点検、2）設備等の衛生管理および保守点検、3）使用水等の衛生管理、4）ねずみおよび昆虫対策、5）廃棄物および排水の取扱いならびに6）食品（または添加物）を取扱う者の衛生管理の6領域である（食品衛生法施行規則第66条の2第1項別表第17より）。

この6領域は日常的な汚染防止の対象として次の8分野＊に分類することができる。

日常的な汚染防止のための衛生管理8分野：

1. 使用水（食品や食品の接触する表面に触れる水、あるいは氷の製造に用いる水）の衛生

2. 食品が接触する表面（器具、手袋、作業着を含む）の状態と清潔さ

3. 交差汚染の防止

4. 手指の洗浄、消毒設備およびトイレ設備の維持

5. 汚染物質（潤滑油、燃油、殺虫剤、洗剤、消毒剤、結露ならびにその他の化学的、物理的および生物的汚染物質）からの食品の保護

6. 化学薬品の適正な取扱い（表示、保管、使用）

7. 従業員の健康状態

8. ねずみ・昆虫の駆除

＊米国 FDA の水産食品およびジュース HACCP 規則では、この8分野を衛生標準作業手順（Sanitation Standard Operating Procedure：SSOP）として日常的なモニタリングを行い、その結果を記録するように規定している（21 CFR 123.11（b）、

21CFR 120.6（a））。

食品衛生法施行規則（第66条の2第1項）別表第17と米国FDAのHACCP規則でモニタリングを規定している8分野の衛生管理項目（SSOP）の比較：

別表第17中で日常的な衛生管理が必要な領域	米国FDAのHACCP規則のSSOPの8分野
1）施設の衛生管理	2. 食品が接触する表面の状態と清潔さ 3. 交差汚染の防止 5. 汚染物質からの食品の保護 6. 化学薬品の適正な取扱い
2）設備等の衛生管理	2. 食品が接触する表面の状態と清潔さ 3. 交差汚染の防止 4. 手指の洗浄、消毒設備およびトイレ設備の維持 6. 化学薬品の適正な取扱い
3）使用水等の衛生管理	1. 使用水の衛生
4）ねずみおよび昆虫対策	6. 化学薬品の適正な取扱い 8. ねずみ・昆虫の駆除
5）廃棄物および排水の取扱い	3. 交差汚染の防止 5. 汚染物質からの食品の保護
6）食品（または添加物）を取り扱う者の衛生管理	4. 手指の洗浄、消毒設備およびトイレ設備の維持 7. 従業員の健康状態

　この表から、米国のSSOP 8項目のモニタリングと記録を保持している場合、食品衛生法施行規則別表第17中の日常的な衛生管理が必要な6領域を満たしていると考えられる。

5）手順書（文書化）のポイント

　HACCPに沿った衛生管理の前提となる衛生管理活動を積極的に推進し、かつ無駄、ムラの生じないように、「いつ、どこで、誰が、何を、どのようにすべきか」の役割をとり決めておかねばならない。
① 作業内容は目的に沿ったものであること。
② 実行可能であること。
③ できるだけ具体的で、実施する者によって解釈が異ならないこと。
④ 科学的、技術的に裏づけられていること。
⑤ 誰もが順守できること。
⑥ 現場の意見を取り入れ、実情に則していること。
⑦ 作業の手順を盛り込んでいること。
⑧ 責任と権限が明確にされていること。

⑨　見やすく使いやすいこと。

6）手順書の内容（例：機械設備の洗浄）
①　適用範囲
②　使用する薬剤（濃度、温度を含む）等
③　使用する設備、機械器具
④　作業の方法、条件、所要時間および頻度等
⑤　作業上の注意事項
⑥　作業の管理または確認項目および結果の評価基準
⑦　作業時および確認時に異常があったときの措置
⑧　確認担当者
⑨　記録の点検者
⑩　確認結果および措置内容の記録の方法

7）手順書作成上の注意点
　文書は箇条書きでよい。それに必要な図面、表、作業の勘所や注意点などを図や写真などを交えて作成する。できるだけ読みやすく簡単にわかるものが望ましい。具体的な手順を動画にして利用することもできる。

8）手順書に基づく衛生管理実施上の注意点
①　正しいやり方を決める。
②　決められた手順どおり確実に作業を実施する。
③　作業の出来ばえをモニタリング（目視検査、必要に応じて試験検査）により確認し、その結果を記録する*。
④　出来ばえに問題があれば修正し、その内容を記録する。
⑤　作業の手順に問題があれば、食品衛生責任者等の合意のもと、手順を改める。文書を訂正し、訂正理由および訂正年月日を記録する。
⑥　従事者（製造、洗浄殺菌、品質管理、その他）に手順および記録方法について適切なトレーニングを行う。トレーニングの効果を評価する。
⑦　モニタリングのほかに、作業の効果（例えば、洗浄効果）を試験検査により検証する。作業のモニタリング記録を見直す。

　*前記のとおり、一般衛生管理手順の文書化で求められるのは、①作業内容、②実施頻度、③実施担当者、④実施状況の確認および記録の方法の4点である。実施状況の確認および記録が求められることから、「実施した記録」よりも、「実施状況の出来ばえを確認した記録」が重要である。
　すなわち確認した結果、どのような不適合が発見されたのか、それに対しどのような修正を実施したのか、あるいは根本的な是正の必要性を評価したのか等についての記録が残せる記録様式を決めておく必要がある。

なお、GHPH 2020 では、"より大きな注意を要する GHP"（greater attention on GHP）があるとしている。例えば、調理済み食品（ready-to-eat food：RTE）に接触する機器や表面の洗浄は、食品接触面が適切に洗浄されないと食品の汚染に直結する可能性があるため、壁や天井の洗浄などの他の領域よりも大きな注意が必要である。"より大きな注意を要する GHP"では、作業内容の妥当性確認に加え、実施状況のモニタリングや検証の頻度を上げることも必要である。

9）その他の手順および手順書

　食品衛生法施行規則第 66 条の 2 第 1 項別表第 17 では公衆衛生上必要な措置として、日常的な衛生管理の対象だけでなく、食品衛生責任者等の選任の他、検食の実施、情報の提供、回収・廃棄、運搬、販売および教育訓練が規定されている。また、ハザードの管理に必要な限度において、仕入元・出荷・販売先等の記録および自主検査を行った場合の記録とそれらの保存が求められている。必要に応じてこれらの手順を定めておく必要がある。

　とくに回収・廃棄については、食品衛生法第 58 条および食品表示法第 6 条により、自主回収（リコール）に着手する際の都道府県知事への報告義務が定められた（2021年 6 月 1 日施行）。流通食品の食品衛生法違反またはそのおそれ、もしくはアレルゲン等の安全性に関わる食品表示法違反を探知*し、自主回収（リコール）に着手するときは、遅滞なく都道府県知事に報告しなければならない。届出には自治体の食品衛生申請等システムの「食品等自主回収情報管理機能」を利用する。

　また、回収開始時だけでなく、変更があったときおよび終了時にも報告する必要がある。必要に応じて自主回収の手順または手順書を定めておくことが望まれる。

　*食品衛生法第 58 条第 1 項に規定する食品衛生上の危害が発生するおそれがない場合等を定める命令の制定については、2019 年 12 月 27 日消費者庁次長および厚生労働省大臣官房生活衛生・食品安全審議官発、消表対第 1201 号・生食発 1227 第 1 号の別添により、届出・報告制度の対象となる食品等の範囲等が定められている。

自主回収（リコール）時の届出事項

1.　回収に着手した場合は遅滞なく以下の情報を報告しなければならない。
1）　回収を行う者の氏名および所在地
2）　回収の対象となる食品等の商品名および一般名称
3）　食品衛生法違反と判断した事実
4）　回収する食品等を特定する事項（容量、形態、消費期限、賞味期限、製造番号等）
5）　回収する食品等の画像
6）　回収する食品等の出荷（販売）年月日、出荷（販売）先および数重量
7）　回収に着手した年月日

8)	製造者等の名称および所在地
9)	回収方法（具体的な回収方法、問い合わせ先等）
10)	健康被害発生の有無
11)	発生するおそれのある健康被害の内容等

2. 回収に着手した営業者は、次に掲げる場合は遅滞なく都道府県知事等にその旨を報告しなければならない。	
1)	前項各号に掲げる報告事項に変更が生じたとき
2)	都道府県等が、必要があると認めて回収の状況の報告を求めたとき
3. 営業者は、回収終了後遅滞なく、回収が終了した旨を都道府県知事に届け出なければならない。	

6. HACCP プラン作成の準備段階

　　食品衛生法施行規則第 66 条の 2 第 2 項の別表第 18（HACCP に沿った衛生管理）では、HACCP チームの編成を規定していないが、コーデックスの HACCP 適用の準備段階は有効な HACCP システム構築に役立つ。手順 1 で編成した HACCP チームが手順 2 から 5 に沿って収集した情報に基づいてハザード分析（原則 1）を行う。

　　GPFH 2020 では、小規模事業者等に対する HACCP の弾力的な適用*について示している。

*施設の中に専門性を持った従業員がいない場合には専門的アドバイスを他の情報源から得ることができる。例えば業界団体、個別の（独立した）専門家、コンサルタント、規制機関等からである。また、HACCP に関する文献や業界団体が作成した HACCP の指針等も参考にできる。

1) HACCP システムの導入決定から HACCP チームの編成

(1) 食品安全へのコミットメントおよび HACCP システム導入の決定

　　GPFH 2020 では、食品衛生システムがうまく機能するための根本は、安全で適切な食品を提供するうえでの人間の行動の重要性を認識し、積極的な食品安全文化の確立と維持である。積極的な食品安全文化を醸成するためには、以下の要素が重要であるとしている。

① 安全な食品の生産および取扱いに対して、経営者およびすべての従業員によるコミットメント

② 正しい方向性を設定し、すべての従業員を食品安全の実践に従事させるためのリーダーシップ

③ 事業に携わるすべての従業員による食品衛生の重要性の認識

④ 食品事業のすべての従業員の間で、逸脱および期待に関するコミュニケーションを含む、オープンで明確なコミュニケーション

⑤　食品衛生システムの効果的な機能を確保するための十分な資源の利用可能性

⑥　経営者は、以下により、実施されている食品衛生システムの有効性を確保すべきである。

・食品事業内で、役割、責任および権限が明確に情報を伝えることができることを確実にする。

・変更が計画され、実施されるとき、食品衛生システムの完全性を維持する。

・コントロールが行われ、機能し、さらに文書が最新であることを検証する。

・従業員に対し適切なトレーニングおよび監督が行われていることを確実にする。

　HACCP システムを導入するためには、食品事業の経営者は、その目的意識と推進意欲を明確にしなければならない。そのためにまず、マネジメント自身が食品安全の重要性を認識し、それをどのように実施するかを含むコミットメント（決意）を示すことが効果的な HACCP システムの実施のために必要である。

HACCP システム導入の基点：

・食品事業の経営者による HACCP システム導入の決定とコミットメントの表明

・食品安全文化の醸成が重要であるという認識

・HACCP チームの編成（コーデックスの手順1）と役割分担の明確化

　HACCP に基づいた衛生管理または HACCP の考え方を取り入れた衛生管理を、適切に実施して行くためには、全体の目的遂行意識の維持と関係者のトレーニングが不可欠である。このため、食品事業者は、次の事項について、組織的、計画的かつ段階的に準備を進める必要がある。

(2) HACCP チームの編成の編成および適用範囲の特定　手順1)

　食品事業者は、効果的な HACCP システムを構築するために必要な、適切な知識および専門性があることを保証すべきである。

　HACCP システムによる衛生管理は、HACCP プランの作成を担う専門家チーム（HACCP チーム）の編成から始まる。

　HACCP チームは、経営者のコミットメントのもとに HACCP プランを作成し、それをすべての従業員に説明し、役割に応じたトレーニングを実施し、さらに見直しを行い、必要に応じてプランを更新する責任がある。また、外部からの査察（監査）への対応なども主な業務となる。HACCP チームリーダーは経営者が任命する。

①　HACCP チームリーダーになるべき者に対する（必要に応じてチームメンバーに対しても）HACCP システム理解のためのトレーニング（例：講習会の受講）を実施する。

②　HACCP チームの構成およびチームメンバーの任命

　ア　HACCP チームリーダー：施設の最高責任者（食品事業者、施設の長）から任

命された者等で、リーダーシップが必要である。チームリーダーは、社内の各分野から力量のあるチームメンバーを選任する。

例：

イ　製造管理部門（製造または加工に係る部門）

ウ　品質管理部門（原材料、製品等の試験検査に係る部門、消費者等からのクレーム処理担当部門）

エ　施設設備および製造に用いる機械器具の工務（エンジニアリング）、保守管理部門

オ　原料購入部門

カ　営業部門

キ　その他

内部に適切な人材がいなければ、外部の専門家に参加を依頼することも可能である。新規の製造方法を採用するような場合は、病原微生物や有害化学物質等ハザードに関する専門知識を有する者の参加も必要となることがある。

また、専門的アドバイスを他の情報源から得ることができる。例えば業界団体、個別の専門家、コンサルタント、行政機関等からである。また、HACCP に関する文献や業界団体が作成した HACCP の指針（手引書）等も参考にできる。外部の専門家によって作成された一般的な HACCP プランも使用することができるが、その場合には自らの施設の製造や工程と一致しているかどうかを確認する必要がある。

また、十分に教育訓練を受けた従業員がそのような指針を読んで理解することにより HACCP システムを施設の中で作成し、実施することができる。

HACCP チームは HACCP システムおよび適切な PRP の適用範囲を特定する。適用範囲の中ではどういった製品や工程を HACCP プランの対象とするかを記述する。

③　HACCP チームの役割

HACCP チームは、以下のような役割を担う。

ア　一般衛生管理プログラムを実行するための手順書の作成

イ　HACCP プランの作成（妥当性確認を含む）

ウ　HACCP プランの実施のための担当者に対するトレーニング

エ　検証の実施*

オ　外部査察（監査）への対応

カ　原材料、製品の組成、製造加工工程等の変更の把握およびそれに伴う一般衛生管理プログラムおよび HACCP プランの見直し、修正または変更

キ　検証（査察・監査）の結果に基づき、必要に応じて HACCP プランの見直し、修正または変更

*HACCP チームには検証が適切に実施されることに対する責任がある。HACCP における検証活動は広範囲にわたる。HACCP チームメンバーが持つべき知識については、「HACCP に関する相当程度の知識を持つと認められる者」の要件が総合衛

生管理製造過程に関する通知に示されていた（1997年2月3日付衛食第31号・衛乳第36号、厚生省生活衛生局食品保健・乳肉衛生課長連名通知）。これらの知識は3日間程度のHACCP講習会等で学ぶことができるが、経験や独学で得たものであっても差し支えない。

参考：HACCPシステムに関する相当程度の知識を持つと認められる者として習得すべき内容

1. HACCPによる衛生管理の特徴（7原則、従来の衛生管理方法との違い等）を理解し、施設内の従事者に対し、説明する能力を有していること。
2. HACCPチームのメンバー、従事者を訓練する能力を有すること。
3. 複数施設のフローダイアグラム、施設の図面、標準作業手順書を作成できること、また、その作成の目的をよく理解していること。
4. ハザード分析に必要な情報を収集し、ハザード分析を行ったうえで、原材料ごと、工程ごとのハザード、その発生の原因および管理手段を記載した危害要因リストを作成できること。
5. 4.で作成した危害要因リスト中に、省令で示された食品ごとのハザードを含まない場合は、その理由を的確に示し、説明できること。
6. 4.で作成した危害要因リストの管理手段のなかから、重要管理点を適切に特定し、その理由について説明できること。
7. 6.で特定した重要管理点ごとにハザードの発生を管理できる管理基準、モニタリング方法、改善措置、検証方法および記録の維持管理方法を適切に設定できること。
8. 適切に検証を行い、当該結果に基づき、必要に応じ、HACCPプランを修正できること。
9. HACCP実施の前提となる一般衛生管理の方法を記載した文書を、適切に作成できること。
10. その他、非常事態に対して対応できる能力を有すること。

2）食品の記述、意図される用途および使用者の特定（HACCPシステム、12手順の2および3）

　製品の原材料等および製品に関する固有の情報を、ハザード分析の基礎資料として記述*する。

（1）製品の名称および種類
（2）原材料
（3）添加物の名称およびその使用量
（4）容器包装の形態、材質
（5）物理的・化学的性状および特性（水分活性（Aw）、pH、アレルゲン等を含む）、微生物の殺菌／静菌処理（加熱、冷却、凍結、塩漬、燻製など）

(6) 製品の規格＊＊（法令規格、自社規格）
(7) 消費期限、賞味期限および保存条件、流通方法
(8) 意図する用途および対象消費者

　複数の製品を製造している施設においては類似の特性および加工工程により、HACCP プラン作成の目的のために、食品をグループ化することも効果的である。

　意図する用途は、フードチェーンの次の食品事業者または消費者による製品の予想される使い方に基づくべきである。例えば、次の食品事業者が加熱用の食品を加熱せず、そのまま提供している場合、あるいは高齢者施設内給食のような感受性集団を対象とする食品の場合には、より厳しいレベルのハザードの管理が要求されることについて考慮しなければならないこともある。
　特定のケース（例、病院）では、感受性集団を対象とした食品か検討する必要がある。感受性集団のための食品の場合、食品が安全であることを高い水準で保証するためには、工程管理の強化、モニタリング頻度を上げる、製品検査でコントロールの効果を検証する、または、その他の活動が必要になることもある。

　＊わが国ではこれらの情報を記載した文書を「製品説明書」と呼ぶことが多い。記述内容が十分であればレシピ・仕様書など様式名にこだわらなくてよい。
　＊＊すでに設定している食品中のハザードの限界値は HACCP プランのために検討し、考慮に入れる（例、食品添加物の使用基準、動物用医薬品の残留基準、食品・添加物等の規格基準に示された微生物規格および製造基準（加熱処理の温度と時間を含む）。

3) フローダイアグラムの作成（HACCP システム、12 手順の 4）

　フローダイアグラムは HACCP チームによって作成されるべきである。フローダイアグラムはハザード分析を実施する際に、ハザードが発生、増大、減少または混入する可能性を評価する基本として使用する。
　ハザード分析を容易かつ正確に行うため、従事者からの聞き取り調査、実際の作業の観察を行ったうえで、原材料の受入れから最終製品の出荷にいたる一連の製造または加工の工程について、工程の進み方、各工程における作業内容を記述する。
　フローダイアグラムには、以下の事項を含めるべきである。

・製造加工の操作順、相互の関係
・原材料（raw materials）、材料（ingredients）、加工助剤、包装資材、ユーティリティおよび中間製品がフローに入る箇所
・アウトソース（外部委託）している工程；
・再加工および再利用が行われる場所
・最終製品、中間製品、廃棄物および副産物が出荷または搬出される場所

同じフローダイアグラムが、類似の作業工程を使って製造される多くの製品のために使えることもある。フローダイアグラムは明確で、正確で、かつハザード分析を実施するのに十分な程度に詳細であるべきである。

　なお、フローダイアグラムの各工程を説明する文書を作成するとハザード分析の一助となる。例えば、原材料・中間製品等が工程で曝される最高室温と最長時間、製品の内部温度の推移など、加工工程の説明は適切なハザード分析を行ううえで必要である。また、施設内の平面的・立体的な配置がわかる図面を作成すると交差汚染の可能性がある箇所等を特定することができる。

各工程説明に記載する内容：
・工程の名称
・機械・器具の仕様および性能
・作業内容、作業時間・温度＊および作業担当者（職名）など

＊施設設備の温度条件だけでなく、原材料、中間製品などの温度推移なども記載する。

図面に記載する内容：
・施設・設備の構造
・製品等の移動経路
・機械・器具の配置
・作業者の配置および動線
・作業場の清浄度に応じた区分（必要に応じて清浄度および圧力などの指標）
・再加工および再利用が行われる場所
・最終製品、中間製品、廃棄物および副産物が出荷または搬出される箇所および場所

4）フローダイアグラムの現場確認（HACCP システム、12 手順の 5）
　実際の工程をフローダイアグラムと対比して、すべての段階と作業時間を確認し、必要であれば修正する。現場確認は複数の時間帯、シフトにおいて実施することが望ましい。フローダイアグラムの確認は、加工作業について十分な知識を持つ個人または複数名で行うべきである。
　もしフローダイアグラムに、食品衛生上重要な工程、作業等が見落とされていた場合、ハザード分析で重要なハザードが議論されなくなることから、これらの文書が正確であることは HACCP の導入に不可欠である。工程説明や図面も必要に応じて修正する。

7. ハザード分析の実施（手順6・原則1）

1）ハザード分析とは何か

> **ハザード分析とは：**
> ・原材料、その他の材料、環境、（製造）工程または食品中に特定されたハザード、ならびにその存在にいたる条件に関する情報を収集しおよび評価し、さらに、それらが重要なハザードであるか否かを判断するプロセス。
> ・原材料および製造加工工程における潜在的なハザードについて、起こりやすさや起こったときの健康被害の程度等を明らかにする。
> ・これらのハザードのうち、その予防、除去または許容レベルまでの低減が安全な食品のために必須であるかを評価し"重要なハザード"を決定する。
> ・具体的には原材料およびその搬入から最終製品の搬出にいたるまでの作業工程ごとに、フローダイアグラムに沿って順に、最終製品を食べたときに健康被害を起こす可能性のある重要なハザードを特定し、それらの発生要因およびそのハザードを制御するための管理手段を記載する（危害要因リストまたはハザードリスト）。

2）なぜハザード分析が必要か

（1）ハザード分析を行わずに製造加工管理を行った場合、重要なハザードを見落とす可能性が大きくなり、その場合、当該ハザードが製造加工工程においてコントロールされずに、健康被害を起こすレベルに存在し、問題のある食品が製造されるおそれがあるため。

（2）CCPを決定し、適切にCCPをコントロールするためのHACCPプランに記載する適切な管理基準（CL）、モニタリング方法、改善措置、検証方法等を設定するための情報を収集するため。

3）ハザード分析の要件

> **ハザード分析の目的：**
> ・ハザード分析の最終目標は、最終製品を食べたときに健康への悪影響が発生する可能性のある原材料または工程（段階）を特定し、重要なハザード、その発生要因および制御するための管理手段を記載した文書（危害要因リスト）を作成すること。
> ・ハザード分析で取り上げるハザードは、発生する可能性のあるもので、かつ当該食品を食べた消費者にとって許容できないリスクをもたらすものであること。

ハザード分析で取り上げるハザードは、先述のとおりフードチェーン内で適切にコントロールしないと、発生することが合理的に考えられる（reasonably likely to occur）ハザードをいう（生物的ハザード、化学的ハザードおよび物理的ハザードに分類されている）。

ハザードの発生要因とは、各工程（段階）で当該ハザードが健康被害を起こす程度まで混入、増大等させる原因をいう。ハザードは具体的にすべきである。例えば、金属片だけではなくて、粉砕で壊れた刃に由来する金属異物の混入のように、汚染源や存在する理由も記述する。ハザード分析は複雑な製造作業を分類すること、および手順4で記述した複数のフローダイアグラムの工程を分析することにより単純化できる。

　管理手段とは、ハザードを予防もしくは排除、または許容できるレベルまで低減するために用いることができる、あらゆる処置および活動をいう。

4）どのようにハザード分析を行うか（危害要因リストの作成方法）

> **ハザード分析の実施：**
> (1) ハザード分析に必要な情報、データの収集
> (2) ハザード分析のステップ
> 　ステップ1：原材料および製造または加工工程に由来する潜在的なハザードの列
> 　　　　　　挙
> 　ステップ2：列挙されたハザードの起こりやすさ、起こった場合の重篤性を評価
> 　　　　　　して、重要なハザードの絞込み
> 　ステップ3：重要なハザードの発生要因の特定
> 　ステップ4：重要なハザードに対する管理手段の特定

　危害要因リストは、原材料およびその搬入から最終製品の出荷にいたるまでの全作業工程（フローダイアグラム）に沿って、順を追ってハザードの発生する可能性のある原材料および工程を特定し、それらの各工程におけるハザード、その発生要因およびその管理手段を一覧表に示したものである。

　このリストとその作成に当たって収集した情報を基に重要なハザードを特定し、それに対する管理手段のうちからCCPが決定され、CCPにおけるHACCPプランに記載する管理基準（CL）、モニタリング方法、改善措置、検証方法などが設定されるため、本リストの作成は、HACCPシステムを導入するにあたって最も重要である。すなわちハザード分析が十分かつ適切に実施されることがHACCPシステムによる衛生管理の成否の鍵となる。

　ハザードは、原材料の由来、製品の組成（配合割合）、製造または加工工程に用いる機械・器具、製造または加工の方法、製造加工にかかる時間、製品の保存条件、従事者の知識、経験および意識レベルによって異なる可能性があるため、施設ごとに特有のものとなる。

　なお、これらの要素のいずれかに変更が生じたときは、ハザード分析を修正する必要があるかどうか見直す。

(1) ハザード分析に必要な情報、データの収集

　ハザード分析を行うため、あらかじめ次のような方法により、必要に応じて情報、データを収集し、解析する。なお、これらの情報については、検証時の参考となるた

めハザード分析終了後も保存する。

① 原材料および工程を含む製造加工する食品の種類に関連するハザード（例えば、フードチェーンにおけるハザードの調査またはサンプリングおよび検査、回収、科学的文献情報または疫学的データから）
② PRP を考慮に入れて追加のコントロールがない状態での、ハザードの発生の起こりやすさ
③ コントロールがない状態で、食品中のハザードによる健康への悪影響の発生頻度と重篤性
④ 特定された、食品中のハザードの許容レベル（例えば、規則、意図する使用法および科学的情報に基づく）
⑤ 食品を製造している施設および機械器具の性質
⑥ 病原体の生残または増殖
⑦ 食品中での毒素（例、カビ毒）、化学物質（例、農薬、動物用医薬品、アレルゲン）または物理的ハザード（例、ガラス、金属）の生成または持続性
⑧ 意図した用途および／または消費者による製品の誤った取扱いにより、食品が安全ではなくなる可能性
⑨ 上記につながる条件

　情報を収集するために、作業実態の調査（製造または加工条件の測定、従事者からの聞き取り調査、従事者の作業実態の観察）の他、試験検査（原材料、施設設備等の汚染実態調査、保存試験、微生物接種試験など）が必要なこともある。また、微生物挙動予測モデル（Predictive Model）も利用できる。

(2) ハザード分析の実施（危害要因リストの作成）
　(1) で収集したデータを解析し、次の4つのステップに従って、当該製品の原材料の受入れから製造加工工程、保管、出荷にいたるすべての工程についてハザード分析を実施し、その検討の過程および検討結果を文書化する。ハザード分析の検討過程（例えば、重要なハザードと判断した根拠）については HACCP プランの見直し時に役立てるため、記録し、保存しておく。

ステップ1：原材料および工程における潜在的なハザードの列挙
　ア　疫学情報、原材料等の汚染実態調査等を参考に、製品説明書に記載した原材料および包装資材に起因するハザードを、その発生頻度や重篤性に関係なくすべて列挙する。
　イ　作業実態の調査、フローダイアグラム、施設の図面等を参考に、各工程に起因するハザードを、その発生頻度や重篤性に関係なくすべて列挙する。
　ウ　ハザードの列挙は、生物的、化学的および物理的なものがあることを念頭において行う。

ハザード分析に関して特定の文書様式が規定されているものではない。広く利用されている様式（付録1、p.77）を用いると、ステップ1から4に沿った体系的なハザード分析が行える。

　第1欄はフローダイアグラムに沿って受入工程から各製造・加工工程名をそのまま記載する。

　ステップ1の結果は第2欄に書き込む。第2欄は潜在的なハザードをできるだけ列挙するために、HACCPチームによるブレーンストミングの手法を用いるとよい。第2欄が書き込めたら、次のステップ2、3に進む。

ステップ2：ハザードの評価

　ア　ステップ1の結果、列挙された潜在的ハザードについて、発生頻度および発生した場合の重篤性の観点から、すなわち発生する合理的な可能性があり、かつ健康被害を起こす可能性のあるハザードであるか（以下「重要なハザード*」）を評価する。この際、評価の対象となるハザードは、食品から低減または排除しなければ最終製品の安全性が保証できないハザードで、（1）で収集した疫学情報（過去の食中毒、食品事故の発生要因）、製造現場における作業実態調査結果等を参考に評価する。評価の結果、重要なハザードについては様式第3欄にイエスまたは○を記載し、それ以外のハザードはノーまたは×を記載する。PRPとしての一般衛生管理が機能して潜在的ハザードの発生頻度が無視できるレベルの場合、第2欄で列挙された潜在的ハザードは第3欄で、ノーまたは×と評価できる。

　イ　なお、ハザードを含まないと判断した場合は、その根拠とした科学的、合理的理由を別途、記録しておくとよい。

　*重要なハザード（CXC 1-1969, Rev. 2020）の定義：ハザード分析によって特定されたハザードで、コントロールされない状態では、許容できないレベルまで発生することが合理的に考えられ、食品の意図する用途のためそのコントロールが必須なハザード。

ステップ3：発生要因の特定

　ア　ステップ2により、重要（イエス）と評価したハザードがどのような原因により健康被害を起こす程度まで混入、増大するかなど、その根拠を第4欄に記載する。

　　　なお、1つのハザードに対して、複数の要因が考えられることもある（例えば、食鳥肉中に病原菌が存在することは合理的にあり得る。食鳥肉中の病原菌は加熱不良で生残するなど）。当該ハザードの発生を防ぐ管理手段を逃さず列挙するため、考え得る要因をすべて列挙する。

　イ　ステップ2により、重要でない（ノー）と評価したハザードは、どのような理由で評価したのかその根拠を第4欄に記載する（例えば、施設設備、機械器具の保守管理、使用水の衛生管理、機械・器具の洗浄殺菌等の一般衛生管理で十

分に管理できているなど）。

ステップ 4：管理手段（管理措置）の特定
　ア　ステップ 2 および 3 で特定した重要なハザードをコントロールするためにとる
　　　べき管理手段を特定して、第 5 欄に記載する。管理手段とは、ハザードを予防
　　　もしくは排除、または許容レベルまで低減させるための処置および活動をいう。
　イ　ハザード分析上の管理手段は、重要なハザードに対して施す処置および活動を
　　　指しており、その工程における管理手段に限定されない（例：後の加熱殺菌工
　　　程、後の金属探知工程等）。
　ウ　第 3 欄で重要でないと評価されたハザードは、第 4 欄にその根拠を書くため第
　　　5 欄に記入する必要がない。

ハザード分析のステップ：

ステップ 1　原材料および工程に由来する潜在的なハザードの列挙：
　　　　　　原材料の受入れから最終製品の出荷までの全工程中の潜在的なハザ
　　　　　　ードを列挙する。この段階ではハザードの起こりやすさや、ハザー
　　　　　　ドが病気を引き起こす可能性にとらわれる必要はない。
ステップ 2　ハザードの評価：
　　　　　　ステップ 1 で列挙した潜在的なハザードについて、まずハザードの
　　　　　　起こりやすさを評価する。次に適切にコントロールされない場合の
　　　　　　健康への悪影響の厳しさを決定し、そのハザードを HACCP プラン
　　　　　　でコントロールすべき「**重要な**」ハザードか否かを決定する。
ステップ 3　発生要因の特定：
　　　　　　ステップ 2 で決定した評価の理由を記述する。
ステップ 4　管理手段（管理措置）の特定：
　　　　　　ステップ 3 で特定した発生要因をコントロールするためにとるべき
　　　　　　手段を特定する。管理手段とは、ハザードを予防、除去または許容
　　　　　　レベルまで低減させるための処置または活動をいう。

8. 重要管理点（CCP）の決定（手順7・原則2）

1）CCPとは何か

> **CCPとは：**
> 　HACCPシステムにおいて、重要なハザードをコントロールするために必須の、1つまたは複数の管理手段が適用される工程。

2）なぜ適切な箇所にCCPを決定する必要があるのか

> **適切な箇所にCCPを設定する必要性：**
> ・重要なハザードを管理する極めて重要な工程等をCCPに決定しなかった場合、すなわちHACCPプラン中にそのCCPが含まれていなかった場合には、HACCPプランに従い、モニタリングを行い、工程の管理状態が適切であるかのように見えても、実際は問題のある（重要なハザードが管理されていない）製品を製造するおそれがある。
> ・不必要なCCPを決定した場合、それらのモニタリング等に無駄な労力を費やすことになり、仕事が分散化され、真のCCPのコントロールが疎かになるおそれがある。

3）CCPの要件

> **CCPの要件：**
> 　CCPは、あらかじめ設定したモニタリング方法で連続的にまたは相当の頻度でモニタリングし、そのパラメータが管理基準（CL）を逸脱した場合に短時間のうちに改善措置を行うことによって重要なハザードのコントロールが可能になる管理点をいう。

したがって、以下の工程は原則的にはCCPとする必要はない。

① 考慮すべき重要なハザードがあるけれどもその工程ではそれを厳密にコントロールする必要がない工程（例えば、鶏肉はカンピロバクターに汚染されているが、受け入れ工程では厳密にコントロールできないし、その必要もなく、後の加熱工程で死滅させることができる）。

② モニタリング、CLを逸脱した場合の改善措置という一連の作業を行わなくとも十分にハザードがコントロールされる工程（例えば、炊飯の加熱条件で病原菌の栄養細胞は必然的に死滅する）。

4）どのようにCCPを決定するか

（1）ハザード分析によりリストアップした各工程における重要なハザードが、一般衛

生管理プログラムによってコントロールできている、あるいはコントロールすべき場合は、その管理手段は HACCP プランでコントロールすべきでない（危害要因リストの第 3 欄の評価を見直す、あるいは PRP を改善または強化する）。

　例えば、加熱食肉製品の加熱後、最終包装前のスライス工程での病原微生物による汚染はあるいはアレルゲンの交差接触は当該製品にとって重要なハザードであるといえるかもしれないが CCP でコントロールすることは難しい。7 原則に沿った HACCP プランが作成できない可能性が高いからである。このような場合、当該工程の衛生管理手順（洗浄殺菌手順の確立、その効果の日常的なモニタリングおよび対象とした病原微生物が殺菌できているか、アレルゲンが除去されているか否かの定期的な検証等）は極めて重要である。GPFH 2020 ではこのような衛生管理手順を、"より大きな注意を要する GHP"（greater attention on GHP）としている。より注意を要する GHP を確立したのち、再度ハザード分析を行うとよい。

(2) それらの重要なハザードのうちいずれかを除去または許容レベルまで低減するために、特に製造加工工程に導入した工程（例えば、食肉製品や牛乳の製造工程中の加熱殺菌工程等）をまず CCP とする。

(3) さらに (2) 以外の工程についても、工程ごとに確認を行う。すなわち、ある工程で生じる重要なハザードが、その工程でのレベルを超える可能性があって（すなわち最終製品においてハザードの許容レベルを達成できない可能性があって）、しかもその工程以降でコントロールできない可能性がある場合には、その工程を CCP とする。

CCP の決定方法：

(1) ハザード分析によりリストアップした各工程におけるハザードの発生が、一般衛生管理によってコントロールできている、あるいはコントロールせざるを得ない場合に、その管理手段は CCP の対象から外し、ハザード分析を見直す（ハザード分析のステップ 3 のイを参照のこと）。

(2) それらのハザードを除去または許容範囲内まで低下させるために、特に製造加工工程に導入した工程（例えば、食肉製品や牛乳の製造工程中の加熱殺菌工程等）をまず CCP とする。

(3) さらに (2) 以外の工程であっても、工程ごとに確認を行う。すなわち、ある工程で生じるハザードが、その工程でレベルを超える可能性があって（すなわち、最終製品においてハザードの目標基準を達成できない可能性がある）、しかもその工程以降の工程でコントロールできない可能性がある場合は、その工程を CCP とする。

　なお、GPFH 2020 は判断方法を示していない（2021 年 8 月現在、コーデックスの食品衛生部会において継続的に CCP 決定樹の検討が行われており、完成後には 2020 年版に追加される予定である）。決定樹は CCP 決定の参考になるが柔軟に使用すべきであるとしている。上記のステップ 1 から 4 によって決定樹と同様、体系的なハザード分析が行える。

5）CCP の具体例

　　CCP は、管理手段の適用によりハザードを効果的にコントロールできる製造加工工程中の特定の段階（ポイント、手順、操作、工程）である。その例を以下に示す。

ハザードを予防する CCP の例：

・病原菌が存在する原材料や抗菌性物質の残留といったハザードは、原材料受入れ時のコントロールで予防できる（例：供給者から提出される試験成績書のロットごとの確認）。

・化学的ハザード（例：添加物の過量使用）は、添加物の計量または添加段階のコントロールで予防できる。

・最終製品中の病原菌の増殖は、添加物の計量または添加段階のコントロールで予防できる（例：pH の調整、保存料の添加）。

・病原菌の増殖は、冷却または冷蔵保管工程での温度管理によってコントロールできる（例：芽胞形成菌の発芽・増殖の予防）。

ハザードを排除する CCP の例：

・病原菌は加熱殺菌工程で殺菌することができる。

・金属片は、金属検出器によって検出し、金属片が混入している製品を製造ラインから排除することができる。

・寄生虫は適切な温度と期間の凍結により死滅させることができる（例：ホタルイカ中の旋尾線虫）。

ハザードを許容レベルまで低減する CCP の例：

・金属以外の異物は、原材料の整形段階での従事者による目視確認で許容レベルまで低下させることができる。

　　なお、殺菌工程のような意図した工程ではないが、加熱調理工程でハザードを許容レベルまで低下させることができる場合、加熱調理工程が CCP となり得る。また、ハザードを検知し、予防するための技術が確立されていない場合、当該ハザードを許容レベルにまで低下させる工程も CCP となることがある。

9. 妥当性確認された管理基準（CL）の設定（手順 8・原則 3）

　CCP 決定後、各 CCP について原則 3（手順 8）から原則 7（手順 12）に従って HACCP プランを作成する。HACCP プランの様式に規定はないが、広く利用されている例を付録に示す（付録 2（p.78）、3（p.79））。

1）CL とは何か

> **管理基準（CL）とは：**
> 　CCP の管理手段に関連し、食品の許容性と非許容性を分ける観察可能または測定可能な基準。
> 　CL は CCP がコントロールされているかを判断するために設定される。また、そうすることで、許容できる製品と許容できない製品を区分けすることができる。

2）なぜ CL を設定する必要があるのか

　CL は、ハザード分析で特定された重要なハザードが CCP において適切にコントロールされているか否かを判定するための基準として設定される。CCP がコントロールされているか、いないかを明確に判断するため、すべての CCP に対し 1 つ以上の CL が設定されなければならない。

　CL は通常、管理手段に関連した極めて重要なパラメータの最小または最大値（温度、水分量、時間、pH、水分活性（Aw）、有効塩素、接触時間、コンベアベルトのスピード（速度）、粘度、伝導度、流量等の測定値または、場合によってはポンプの設定の観察等）が用いられることが多い。CL からの逸脱は安全ではない食品が生産された可能性があることを示唆する。

　CL は測定可能または観察可能であるべきである。

3) CL の要件

要件1：
- 標的微生物等、ハザードが確実に死滅、除去または許容レベルにまで低減されていることを確認する上で最適なパラメータで、かつ科学的根拠で立証（妥当性確認）された値。

その理由：
- モニタリングにおいて、CL に適合していると判断した場合、適切なコントロールが行われ、ハザードは死滅、除去または許容レベルにまで低減されているとみなされ、出荷・流通される。このため CL の設定根拠が誤っていたり、適切でなかったりした場合、モニタリングでコントロールが適切であると判断されても、実際はハザードが死滅、除去または許容レベルにまで低減されていないことになり、最終製品の摂取による健康被害の原因となり得る。

要件2：
- 可能な限りリアルタイムで判断できるパラメータを用いた基準、例えば Aw、pH 等の化学的な測定値、温度、時間等の物理的な測定値、または官能指標（色調、光沢、におい、味、粘度、物性、泡、音等）等が用いられる。
- 微生物学的基準はリアルタイムで判断できないため、通常は採用されない。

その理由：
- コントロールが適切でないことが判明した場合、速やかに改善措置を講じなければならない。

4) CL 設定の具体例（加熱食肉製品の蒸煮工程）

　CL 設定の選択肢はいくつかあるが、最適な選択肢および CL の決定は、実務上の経験によるところも大きい。以下に加熱食肉製品中のサルモネラ属菌等の病原菌を制御するために CCP とした蒸煮工程の CL の選択肢および設定の考え方を示す。

選択肢1：
　ハザード：病原菌の生残
　CCP：蒸煮
　CL：病原菌不検出

　この選択肢は通常最適とはいえない。CL に微生物基準を設定するのは実務的でない。微生物学的な CL は検体のサンプリングが困難なうえ、検査結果が得られるまでに数日かかってしまい、タイムリーなモニタリングができない。また、微生物汚染は通常、散発的であり、統計学的に意味のある結果を得るためには、多数の検体を検査する必要がある。また、実務上使用できる感度と迅速性を有する検査法は極めてまれである。

選択肢2：
　　ハザード：病原菌の生残
　　CCP：蒸煮
　　CL：中心部の最低加熱条件　63℃、30分間

　食肉を汚染していると考えられる細菌の不活性化に必要な条件に基づいてCLが設定されていれば、微生物学的なCLを設定する必要はない。すなわち、食肉製品の中心温度を63℃、30分以上加熱することにより、ハザードとして考慮しなければならない病原菌が、死滅または許容レベルに収められることが立証（妥当性確認）されているからである。63℃、30分間の加熱殺菌条件は、昭和34年厚生省告示第370号の食品一般の製造、加工調理基準で規定されている。同告示で規定されている個別の食品の一部については、製造基準が定められている。また、同告示では規定の殺菌温度と時間に加え、またはこれと同等以上の効果を有する加熱殺菌で殺菌することとされている。

　さらに、食肉製品の大腸菌O157：H7の加熱殺菌条件は通常、75℃、1分間とされているが、厚労省の食品の安全に関するQ&A（2018年10月12日付）によれば、同等な条件として、70℃、3分間；69℃、4分間；68℃、5分間；67℃、8分間；66℃、11分間および65℃、15分間が妥当であると示している。

　このように法令に規定された条件を利用するならば、選択肢1から選択肢2への妥当性は確認されているといってよい（ただし、営業者の設備および機械器具を用いて実際に中心部まで63℃、30分間の加熱ができるかの確認は必要である）。その他、信頼のおける指針があれば参照できるが、入手できない場合、科学分野の書籍、専門家、実験に基づくデータなどの情報を入手することが必要となることがある。

　選択肢2は微生物検査を実施する選択肢1よりも感度がよく実務的である。

選択肢3：
　　ハザード：病原菌の生残
　　CCP：蒸煮
　　CL：蒸煮水槽の（最低）水温　80℃
　　　　製品の（最大）厚　10 mm
　　　　一度に投入する製品の（最大）量　500 kg
　　　　水中での（最低）加熱時間　60分間

　バッチ式で加熱する場合を除き、製品の中心温度を連続的にモニタリングするのは難しい。また、中心温度計を挿した食品は製品とできないこともあり得る。中心温度を測定する代わりとして、製品の中心温度が必要最低温度と時間を維持していることを保証する製造条件（例、雰囲気温度または蒸気、湯の温度とそこに滞在する時間）をCLとして設定することができる。この選択肢では水の温度、製品の厚さ、一度に投入する製品の量および水中での加熱時間が、製品の中心温度に影響を与えるパラメータである。これらのパラメータがCLを満たしている場合は、必ず中心温度は63℃、30分間をク

リアしていること、および病原菌不検出になることを、あらかじめ実験的に確認（妥当性確認）しておかなければならない。通常この選択肢は、前2者よりモニタリングが容易であり、製品ロスも減り、また連続的にモニタリングできる利点がある。

10. モニタリングシステムの設定（手順9・原則4）
1) モニタリングとは何か

> **モニタリングとは：**
> 　CCPが正しくコントロールされていることを確認するとともに、後に実施する検証時に使用できる正確な記録をつけるために、観察、測定または試験検査を行うこと。CCPのモニタリングはCCPにおいて、スケジュールに基づくCLと比較する測定または観察である。

2) なぜモニタリングを行う必要があるのか

> **モニタリングの必要性：**
> (1) CCPにおいてハザードが正しくコントロールされているかどうかを明らかにするため。
> (2) CCPにおいてコントロールが不適切になったことにより、CLからの逸脱が起きたときにそれを認識するため。
> (3) HACCPシステムの記録による証拠を提供するため。

3) モニタリングの要件
　モニタリング方法および頻度は、製品の適時な隔離および評価を可能とするため、CLからの逸脱を適時に検出する能力があるべきである。可能であれば、モニタリング結果がCCPにおける逸脱に向けての傾向を示唆しているときに、工程の調整を行うべきである。この調整は逸脱が起きる前に行うべきである。

　可能であれば、CCPのモニタリングは連続的であるべきである。加工の温度と時間のような測定できるCLのモニタリングはしばしば連続的にモニタリングできる。水分量、保存料の濃度のような測定可能なCLは連続的にモニタリングすることはできない。ポンプの設定や適切なアレルゲン情報が記載された正しい表示ラベルの貼付のような観察によるCLは、連続的にモニタリングされることは稀である。もし、モニタリングが連続的ではない場合、モニタリングの頻度は十分で、可能な限りCLに適合していることが確認でき、逸脱によって影響を受ける製品の量を最小限にするのに十分でなければならない。物理的および化学的測定が微生物検査よりも通常は好まれる。それは、物理的および化学的測定は迅速に行え、製品および／または工程に関連する微生物ハザードのコントロールの状態をしばしば示すからである。

> **モニタリングの要件：**
> ・連続的または相当の頻度
> 　理由：ハザードをコントロールするための措置が、ロット中のすべての製品に対し、漏れなく適切にとられていることを確認するため。
> ・速やかに結果が得られる方法
> 　理由：CL からの逸脱を発見することにより、CCP のコントロールが不適切であることを確認した際に、できるだけ影響を最小限に、かつ容易に改善措置を講じるため。
> 　このため、通常の微生物検査は結果を得るのに時間を要するため採用されない。

4）どのようにモニタリングシステムを構築するか

> **モニタリングシステム構築の要素：**
> ・What：CCP が CL の範囲内でコントロールされていることを確認するために行う観察、測定または測定の対象
> ・How：迅速で正確な物理的、化学的または官能的な測定、検査の方法
> ・When（頻度）：CL が守られていることを確実にするために十分な連続的または相当の頻度
> ・Who：特定のモニタリング方法について教育・訓練を受けた担当者

5）モニタリング結果の記録

　モニタリング結果を記載する記録様式には、少なくとも以下の事項が含まれる。

> **モニタリング記録の必要事項：**
> ・記録様式の名称
> ・営業者の氏名または法人の名称
> ・CL
> ・記録した日時
> ・製品を特定できる名称、記号（ロット番号等）
> ・実際のモニタリング（測定、観察、検査）結果
> ・モニタリング担当者のサインまたはイニシャル
> ・記録の点検者のサインまたはイニシャルおよび日付

11. 改善措置の設定（手順10・原則5）
1）改善措置とは何か

改善措置とは：
　逸脱が発生したときにコントロールを再確立し、影響を受けた製品がもしあれば、それを隔離し、処分等により消費者に届かないようにするとともに、かつ逸脱の再発生を防止または最小化にするためにとるあらゆる措置

改善措置の構成：
（1）逸脱原因を修正または排除し、工程のコントロールをもとに戻す。
（2）工程のコントロールが不適切であった間に製造された製品を特定し、必要な処置を行う。

2）なぜ改善措置を行う必要があるのか

改善措置の必要性：
　各々のCCPにおいて、モニタリングによってCLからの逸脱が判明した場合、健康被害を招くまたはそのおそれのある食品が流通段階に入ることを迅速かつ的確に阻止するとともにCCPのコントロールを正常に戻し、その時点から先のハザードをコントロールするため。

3）なぜ文書化された改善措置を規定する必要があるのか
　CLからの逸脱を認識してから、改善措置を考えたのでは時間がかかる。また、逸脱時、担当者が冷静に正しい判断を行うことができるとは限らない。
　そこで、過去の経験等からあらかじめ予想できる逸脱については担当者、対応パターンを規定しておくことにより速やかな改善措置の着手が可能となる。

4）改善措置の実施結果の記録

> **改善措置記録の必要事項：**
> ・記録様式の名称
> ・営業者の氏名または法人の名称
> ・逸脱の内容、発生した工程または場所、発生日および時刻
> ・措置の対象となった製品の名称、記号（ロット番号）、数量等
> ・逸脱の原因を調査した結果
> ・工程を回復させるために実施した措置の内容
> ・逸脱している間に製造された製品等の処分（安全性確保のために製品等の検査を
> 　実施した場合は、その結果を含む）
> ・以上の事項の実施および記録の担当者のサインまたはイニシャル
> ・記録の点検者のサインまたはイニシャルおよび日付
> ・HACCP プランの見直しまたは改定が必要か否かの評価結果

12．HACCP プランの妥当性確認および検証手順の設定（手順11・原則6）
1）妥当性確認とは何か

> **管理手段の妥当性確認（Validation of control measures）：**
> 　管理手段または管理手段の組合わせが適切に実施された場合、特定した結果のと
> おり、ハザードをコントロールすることができるという根拠の入手。

　管理手段の妥当性確認とは、HACCP プランの要素（重要なハザード、CCP、CL、モニタリングの頻度と方法、改善措置、検証の頻度および方法ならびに記録すべき情報の種類）が有効であることを裏付ける科学的証拠を得ることである。次のタイミングでハザード分析および HACCP プランの各要素の根拠を確認する。

　最初に行う妥当性確認は、HACCP プランを作成している時点で、原材料、中間製品、最終製品等の試験検査を行ったり、加熱装置内の温度分布や製品の中心温度を測定したり、文献や各種のガイドライン、あるいは過去の自社データを調べたりすることである。これらの結果は、ハザード分析および CL 設定の根拠となり、後の検証時に役立てるため、保管しておく必要がある。食品安全に影響を与える可能性のある、いかなる変更も HACCP システムの見直しが必要で、かつ必要なときには HACCP プランの再妥当性確認が必要である。

　また、検証の結果によって、あるいは必要に応じて、再度妥当性確認を行う。

> **妥当性確認のタイミング：**
> 　(1)　最初にHACCPプランを作成するとき、および次のような変更があったとき
> 　　　　原材料
> 　　　　製造工程またはシステム（コンピュータとそのソフトを含む）
> 　　　　包装形態
> 　　　　最終製品の賞味期限／消費期限
> 　　　　最終製品の配送システム／保存温度
> 　　　　最終製品の意図した使用または意図した消費者（使用者）
> 　(2)　検証の結果、HACCPプランの欠陥またはその可能性が示唆されたとき
> 　(3)　同一の食品または同一の食品群において新たなハザードが判明したとき
> 　(4)　製品の安全性に関する新たな情報が得られたとき

2）なぜ妥当性確認が必要か

　次の要素を合わせて、食品事業にとって適切な重要なハザードをコントロールする能力があることを保証するためである：
・ハザードの特定
・CCP
・CL
・管理手段
・モニタリングの頻度と種類
・改善措置
・検証の頻度および種類ならびに
・記録すべき情報の種類

3）妥当性確認の内容

　妥当性確認には次の事項等が含まれる：
・科学的文献の見直し
・数学的モデルの使用
・妥当性確認研究の実施
・権威ある情報源が作成した指針の使用

4）　検証とは何か

> **検証（Verification）：**
> 　管理手段が意図したとおりに機能しているか、決定するため、モニタリングに加えて行われる方法、手順、検査およびその他の評価の適用

5）なぜ検証を行う必要があるのか

　注意深く設計され、またすべての必要な事項が記載された HACCP プランであっても、それだけではプランの有効性は保証されない。検証は、HACCP プランの有効性を評価し、かつ、HACCP システムが適切に機能していることを確認するための手段である。

　HACCP プランは経験および新しい情報をもとに進化、発展しなければならない。

検証の必要性：
・HACCP プランの有効性を評価し、HACCP システムが適切に機能していることを確認するため。
・定期的な検証の結果から、自身の HACCP システムの弱点を認識することにより、HACCP プランを修正し、より優れたものにするため。

　定期的な検証の結果から、自身のシステムの弱点を認識することにより、HACCP プランを修正し、より優れたものにすることができる。また、それにより不必要であったり、非効果的であったりする管理手段を避けることができる。

　なお、検証はモニタリングと異なる。モニタリングは、CCP のコントロールのチェックを目的としているのに対し、検証はシステムをチェックするためのものである。言い換えると、モニタリングは、個々の製品の許容性を判断するためのものであるのに対し、検証は作成された HACCP プランの許容性を判断するためのものである。

6）検証の内容

　検証には、以下の事項が含まれるが、HACCP プラン（CCP）ごとの検証と HACCP システム全体の検証に分けることができる。

HACCP システムの検証の種類：
（1）HACCP プランごとの検証
　・モニタリングに用いる測定装置（計測器）の校正（キャリブレーション）または正確さの点検
　・目標を定めたサンプリングおよび試験検査
　・記録（モニタリング記録、改善措置記録ならびに校正および検証結果）の見直し
（2）HACCP システム全体の検証
　・消費者からの苦情、違反等の内容の確認（発生の都度）
　・実際のモニタリング作業の適正度の現場確認
　・最終製品の試験検査
　・HACCP プラン全体の見直し　　等

---

(1) HACCP プラン（CCP）ごとの検証

HACCP プラン（CCP）ごとの検証：
(1) モニタリングに用いる測定装置（計測器）の校正（キャリブレーション）または正確さの点検
(2) 製造または加工条件の測定
(3) 原材料、中間製品または最終製品の目標を定めたサンプリングおよび試験検査*
(4) 記録（モニタリング記録、改善措置記録および検証結果）の見直し

　検証の頻度、検証担当者、記録方法については個々の HACCP プランに記載しておく必要がある。CCP ごとに記載する。
　検証の頻度は、モニタリング記録の見直しのようにほぼ毎日行われるものから、計測器の校正のように1年に1回程度のものまで多様である。
　また、検証の結果から CL の逸脱が判明した場合、モニタリング中に逸脱が判明したときと同様の改善措置をとらなければならない。すでに製品が出荷されている場合は、製品回収が必要になることもあるので、あらかじめ製品回収プログラムを構築しておく必要がある。

　＊自社の試験室で実施する場合、試験検査の信頼性を確保するために、試験検査の品質管理が求められる。使用する試験方法は、いわゆる公定法でなくても構わないが、妥当性確認された方法を使用する必要がある。また、培地、試薬および設備は日常点検、定期的点検、および必要に応じて測定機器の校正が求められる。また、目標を定めた試験検査のためのサンプリング方法を決めておく必要がある。さらに、担当者へのトレーニングおよび管理試料を用いた日常的な管理等が求められる。

(2) HACCP システム全体の検証
　HACCP システム全体の検証は、定期的および必要に応じて実施する。検証の結果は記録し、見直さなければならない。

HACCP システム全体の検証：
・消費者からの苦情または回収原因の解析（発生の都度）
・モニタリング作業などの適正度の現場確認*
・最終製品の試験検査
・同一の食品または同一の食品群において新たなハザードが判明したとき
・製品の安全性に関する新たな情報が得られたとき

　＊モニタリング作業の内容によっては、適正度の現場確認を HACCP プランごとの検証活動として実施する場合がある。

7）検証活動に規定しておく事項

検証計画に規定しておく事項：
・内容および方法
・頻度
・担当者
・検証結果の記録方法
・検証結果の点検者

　検証は、モニタリングおよび改善措置を行う者以外の者が行うべきである。ある種の検証活動が施設内でできない場合、施設の代わりに外部の専門家または能力のある第三者機関が行うべきである。

　検証活動の頻度はHACCPシステムが効果的に機能していることを確認するのに十分なものであるべきである。管理手段の実施の検証はHACCPプランが適切に実施されていることを決定するのに十分な頻度で行うべきである。

　検証の頻度はHACCPプランを運用している過程において、実績を評価したうえで変更することもあり得る。例えば、供給者の保証文書の内容を、最初は月1回試験検査で検証していたが、その結果および供給者の衛生管理システムの実地検証の結果に基づき、検査頻度が増したり、逆に頻度を減らしたりすることもあり得る。HACCPプランを作成する際に、信頼性のレベルに応じて決めなければならない。

8）検証の記録

検証の記録に必要な事項：
・検証活動の実施日
・検証結果および実施者のサインまたはイニシャル
・検証結果（記録）の点検者のサインまたはイニシャルおよび点検日
・検証結果に基づき措置を講じた場合は、その内容と実施者のサイン

13. 文書および記録方法の設定（手順12・原則7）
1）なぜ記録を付け、保存する必要があるのか
（1）正確な記録を保存することは、HACCPシステムの本質（essential）である。工程管理がHACCPシステムの原則に基づき、プランに規定されたとおり実施されたという証拠は記録にある。これは自主管理の貴重な証拠であると同時に、行政による監視・指導において、施設の衛生管理、工程管理の状態を調査するうえで有用な資料となる。
（2）万が一、食品の安全に係わる問題が生じた場合でも、製造または衛生管理の状況をトレースバックして原因究明を容易にするとともに、製品の回収が必要な場合は、原材料、包装資材、最終製品等のロット特定の助けとなる。

2）記録および保存文書
　（1）記録
　　　HACCP プランの実施に関する記録としては次のものが挙げられる。

HACCP プランの実施に関する記録：
・モニタリングの記録
・改善措置の実施結果
・検証の実施結果
・一般衛生管理プログラムの実施結果

　（2）保存文書
　　　HACCP プランに関する文書として、次のようなものがある。

保存文書：
・HACCP チームの編成と役割分担
・製品説明書（原材料等、製品規格、意図する用途等）
・フローダイアグラム
・工程説明書
・施設内見取り図
・一般衛生管理プログラム
・ハザード分析に使用した各種資料
・ハザード分析を実施したときの議論の経過
・CCP および CL 決定時の議論の経過および根拠となった資料：CCP における措置の効果に関する資料および製品等の試験成績を含む
・CCP ごとに具体的な内容を記載した HACCP プラン（モニタリング記録様式を含む）
・文書保存規定（記録保管場所および保管期間を含む）

---

(3) 各記録の要件

CCPにおけるモニタリング結果の記録には、次の事項を規定しておく必要がある。

① モニタリング記録

モニタリング記録：

・施設（法人）の名称または食品事業者（営業者）名*

・CL*

・製品を特定できる名称、記号（ロット名）

・実際にモニタリングした日時（日付と時刻）

・実際にモニタリングした測定、観察、検査結果

・モニタリング担当者のサインまたはイニシャル

・モニタリング記録の点検者のサインまたはイニシャルおよび点検日

*あらかじめ記録様式に記入しておくとよい。

---

② 改善措置記録

改善措置記録：

・施設（法人）の名称または食品事業者（営業者）名*

・措置の対象となった製品の名称、記号（ロット名）、数量等

・逸脱の内容、発生した製造加工工程または発生場所、発生日時

・逸脱の原因を調査した結果

・工程を回復させるために実施した措置の内容

・逸脱している間に製造された製品等の処置内容（安全性確認のために製品等の検査を実施した場合は、その結果を含む）

・以上の改善措置の実施者のサインまたはイニシャル

・改善措置記録の点検者のサインまたはイニシャルおよび点検日

・HACCPプランの見直しまたは改定作業が必要か否かの評価

*あらかじめ記録様式に記入しておくとよい。

---

③ 検証記録

検証記録：

・施設（法人）の名称または食品事業者（営業者）名*

・検証結果、検証日および検証者のサインまたはイニシャル

・検証結果の点検者のサインまたはイニシャルおよび点検日

・検証結果に基づき何らかの措置を講じた場合は、その内容と実施者のサインまたはイニシャルおよび実施日

*あらかじめ記録様式に記入しておくとよい。

---

④　一般衛生管理プログラムの記録

```
一般衛生管理プログラムの記録：
・施設（法人）の名称または食品事業者（営業者）名*
・一般衛生管理プログラムの実施状況
・実施状況を確認した者のサインまたはイニシャルおよび確認した日時
・実施状況を確認した結果に基づき何らかの措置を講じた場合は、その内容と実施
　者のサインまたはイニシャルおよび実施日
*あらかじめ記録様式に記入しておくとよい。
```

3）どのように記録を付け、保存するか
　（1）記録時の注意
　　　次の事項に留意する必要がある。
　①　記録すべき結果が判明した、または清掃など一般衛生管理プログラムの作業が終
　　　了したとき、その実施状況を確認したときその場で、所定の記録用紙に、容易に
　　　修正することができない手段（修正したことが明らかになる手段。すなわち鉛筆
　　　の使用は不可）により、必要な事項を記入しなければならない。
　②　記録すべき結果を、作業の終了前に予測して記入してはならない。
　③　記入する時期を後回しにしたり、記憶により記入したりしてはならない。
　④　記録を修正する場合は、修正液や消しゴムを用いず、二本線で見え消しにし、新
　　　たに記入するとともに、その修正に責任を有する者のサインを付さなければなら
　　　ない。
　⑤　シンプルな記録付けのシステムは、効果的で従業員に容易に情報を伝えることが
　　　できる。既存の製造作業と統合したり、配達のインボイスや製品の温度を記録す
　　　るチェックリストのような既存のペーパーワークを使用したりすることもできる。

　（2）記録の点検
　　　記録の点検は、検証の方法で規定した事項に沿って実施しなければならない。記録
　　の不備を発見した場合は、その内容に応じた所要の措置を速やかに講じて、その内容
　　を記録しておく必要がある。

　（3）記録の担当者および記録の点検者の指定
　　　記録方法を記載した文書には、記録すべき事項ごとに、担当者および記録の点検者
　　を規定しておかなければならない。

　（4）記録の保存期間
　①　HACCP プランの実施に関する記録は、食品衛生法施行規則第 66 条の 2 第 3 項
　　　により、取り扱う食品（または食品添加物）が使用され、または消費されるまで
　　　の期間を踏まえ、合理的に設定することとされている。定期的な検証、消費者か

らの苦情、規制当局からの照会に際して、すぐに確認できる箇所に、保存の責任者を指定して保存しなければならない。

② HACCP プランに関する文書についても、一定の場所に、保存の責任者を指定して保存し、その内容に変更があった場合は、その都度改定し、変更年月日および変更に責任を有する者を明記しておく必要がある。

③ 電子化された記録は、記録用紙を利用した記録および手書きの署名に相当するものでなくてはならない。すなわち、正規なもので、正確であり、保護されていなければならない。権限を与えられた者のみ関与できる制限を設けなければならない。また、検証時に記録のトレースができなければならない。

第Ⅱ章 動いていますかHACCPシステム： HACCPシステムの内部検証

1. HACCP システムの内部検証（内部監査）の必要性

　HACCP システムが食品衛生管理の世界標準として利用されている理由の一つは、監査が可能（auditable）なシステムだからである。監査には内部監査、外部監査があるが、特に内部監査はシステムを PDCA サイクルに沿って継続的に改善していくために有効な手段である。さまざまな制約がある外部監査とは異なり、日ごろの衛生管理状況をもとに自らシステムを検証できるからである。

　監査は検証の一部であるが、その位置づけや手法はコーデックスの HACCP 適用の指針だけでは少々わかりにくい。それは CCP ごとの「検証」とシステムレベル（全体的）があるという「検証」の多様性にある。コーデックスの HACCP 適用の指針には、「検証は、モニタリングおよび改善措置を行う者以外の者が行うべきである。ある種の検証活動が施設内でできない場合、施設の代わりに外部の専門家または能力のある第三者機関が行うべきである。」という記述がある。初めは煩雑で難しそうな「検証」であるが、HACCP システムを運用しながら理解を深めればよい。また、検証の難しさの一因として妥当性確認の分かり難さもあったが、2020 年の改訂で「管理基準（CL）の設定」（原則3）が「妥当性確認された CL の設定」に、「検証方法の設定」（原則6）が「HACCP プランの妥当性確認および検証手順の設定」になり、検証の多様性が整理された。

　現在、HACCP（7 原則・12 手順）適用のための教材や講習会は多く存在するが、HACCP システムを評価し、PDCA サイクルをまわしていくための検証、特に監査に関するカリキュラムや教材は少ない。そこで本章は、HACCP システム運用後に自ら検証する際の進め方を紹介する。ただしコーデックスではシステムの評価に欠かせない監査（audit）に関する用語は規定されていないため、監査に関する用語は、ISO 19011：2018（JIS Q 19011：2019：マネジメントシステム監査のための指針）を引用した。また具体的な HACCP の監査手法は、米国 FDA（食品医薬品局）が作成した「HACCP 監視員向けトレーニングプログラム（日本語版「HACCP の実践的なノウハウを身につけるために」厚生省生活衛生局乳肉衛生課監修、社団法人日本食品衛生協会、1998、現在絶版）」および FDA のジュース HACCP 規則のための監視員向けトレーニングプログラムなどを参考にした。

　HACCP の内部検証に関する講習会も、HACCP の基礎的な講習会と同様、講義と演習で構成するとよい。演習には、実際の、あるいは演習用に作成したハザード分析、HACCP プランおよび記録などの文書類が利用できる。なお、模擬検証に利用できる教材（DVD 等）も開発されている*。

　*例：HACCP 指導者養成研修会：公益社団法人日本食品衛生協会（2020）

2. 用語および定義

　第 I 章と同様、コーデックスの定義（CXC 1-1969, Rev.2020）を採用した。以下の監査に関する用語は、ISO 19011：2018（JIS Q 19011：2019：マネジメントシステム監査のための指針）を用いた。HACCP に関する補足を 注）で示した。

監査（audit）：監査基準が満たされている程度を判定するために、客観的証拠を収集し、

それを客観的に評価するための体系的で、独立し、文書化されたプロセス
　注）　ただし本章では、HACCP における監査とは、7 原則 12 手順がコーデックスの
　　　　HACCP 適用の指針に沿って実施され、結果として HACCP プランが効果的である
　　　　ことの証拠を得ること、および規定通り運用され、安全な食品が製造されているこ
　　　　との証拠を得ることと定義する。

監査基準（audit criteria）：監査証拠と比較する基準として用いる一連の要求事項
　注）　本来、食品衛生管理の監査基準は HACCP システムと前提条件プログラム
　　　　（PRP：GHP または GMP など）の両面から構成されるが、本章は HACCP システ
　　　　ムに限定している。GMP に関しても同様の手法により監査することが望まれる。

監査証拠（audit evidence）：監査基準に関連し、かつ、検証できる、記録、事実の記述
またはその他の情報

被監査者（auditee）：監査される、組織の全体またはその一部

監査員（auditor）：監査を行う人

3. 検証と監査

　ISO（JIS）のマネジメントシステムでは自ら行う検証および第三者による検証を監査
（audit）という。特に自ら行う監査を内部監査と称し、次のために定期的に実施しなけれ
ばならないことが規定されている。
　①　当該マネジメントシステムが、目的を実現する計画に適合しているか、組織が定め
　　　た要求事項に適合しているか、および規格要求事項に適合しているか。
　②　効果的に実施され、かつ、更新されているか。
　また、監査対象の状況および重要性、ならびにそれまでの監査結果を考慮し、監査プロ
グラムを策定すること、監査基準、範囲、頻度および方法を規定することが求められてい
る。さらに監査には客観性および公平性が求められるため、実行可能な場合には、監査員
は自らの仕事を監査してはならないことなどが要求されている。

4. HACCP システム検証の要素

　検証の要素は、コーデックス HACCP の手順 11・原則 6 に示されている。コーデック
ス HACCP（CXC1-1969、Rev.2020）では、従来、検証の一つとされていた妥当性確認は
HACCP プラン作成時の活動であることが示された。
　検証および監査の方法、手順および無作為のサンプリングと分析を含む試験は、
HACCP システムが正しく機能しているか否かを決定するために使用される。検証の頻度
は HACCP システムが効果的に機能していることを確認するために十分でなければなら
ない。
　検証は、モニタリングおよび改善措置を実施する者とは別の者によって行わなければな
らない。特定の検証活動が社内で実行できない場合は、外部の専門家または適格な第三者

によって行われるべきである。

　HACCP システムにおける検証は、複数の要素から構成されている。

HACCP システム妥当性確認と検証の要素：	
1. HACCP プランの妥当性確認	・CL 設定時における HACCP システムのすべての要素の有効性の確認
2. CCP ごとの検証活動（HACCP プランごと）	・モニタリング計器の校正または正確さの点検
	・目的を定めたサンプリングと試験
	・モニタリング、改善措置、校正および目的を定めたサンプリングと試験ならびにそれらの記録の見直し
3. HACCP システムの検証（監査）	・内部検証（監査）（観察と見直し）
	・最終製品の試験検査
4. 外部検証	・査察、第三者による審査・監査など

5. HACCP システムの要求事項と PDCA サイクル

　HACCP 適用の 7 原則・12 手順は、適用時の手順を示したものであり、HACCP チームが手順に沿って活動すると CCP のモニタリングと検証活動のプランができ上がる。HACCP 適用の 12 手順の成果物は HACCP プランという文書である。プランに従って PDCA サイクルを動かすことにより、真の意味でシステムが機能する。そのためには HACCP システムレベルの検証が欠かせない。

PDCA サイクルから見た HACCP システム検証のポイント：	
Plan	・HACCP 適用の 7 原則・12 手順に従って HACCP プランを作成したか。
	・前提条件プログラム（PRP）の衛生管理計画および手順書は合理的か。実施状況のモニタリングプログラムを作成したか。
Do	・HACCP プランどおり運用しているか（モニタリングや検証はプランどおりに行い、記録しているか。CL からの逸脱時は改善措置を実施しているか）。
	・PRP の衛生管理計画どおり運用しているか（実施状況をモニタリングし、記録しているか。不適合があれば修正しているか。その記録はあるか）。
Check	・HACCP システム全体の検証を定期的に実施しているか。必要に応じて実施しているか。
	・PRP のモニタリング結果を見直し、衛生管理計画および手順書の有効性を評価しているか。
Act	・検証結果に基づいて、HACCP システムを維持または修正しているか。
	・検証結果に基づいて、PRP の衛生管理計画および手順書を維持または修正しているか。

6. 検証の基準

　システムレベルの検証には、「適合」、「不適合」を評価するための基準が欠かせない。すでに述べたとおりコーデックスの HACCP 適用の 7 原則・12 手順は HACCP システム適用の手順を列挙したものである。例えば CCP のモニタリング、改善措置、計測器の校正などの記録について見直すことを要求しているが、その頻度の規定はない。また文書化の要求事項についても詳細が規定されているわけではない。そのため HACCP プランは作ったものの、細部の規定がないため運用が不完全という事態が起こり得る。細部の規定とは、厳しい規定という意味ではない。「文書化が望まれる」という規定であれば、文書化していなくても「適合」である。「CCP のモニタリングの記録は 1 週間以内に見直さなければならない」という規定であれば、記録された直後から 1 週間以内であれば「適合」と評価される。ただし「毎日、見直す」と自ら規定した HACCP プランであれば、毎日見直していなければ「不適合」となる。このように細部の規定がなければ、HACCP システムが適切に確立され、運用され、維持されているのか検証することができない。特にシステムレベルの検証活動に対する規定は重要である。

　わが国の HACCP 制度化では、食品衛生法施行規則第 66 条の 2 第 3 項の三により「衛生管理の実施状況を記録し、保存すること」が定められているが、保管期間については「取り扱う食品（または食品添加物）が使用され、または消費されるまでの期間を踏まえ、合理的に設定すること」とされている。定期的な検証、消費者からの苦情、規制当局からの照会に際して、すぐに確認できる箇所に、保存の責任者を指定して保存しなければならない。システムレベルの検証を実施するときに、記録がなければ検証できないからである。

　そこで HACCP 適用と運用を評価するための評価項目の例を付録 4 に示した。このような評価項目は内部検証または外部検証（審査・監査）時のチェックリストとして利用できる。

7. HACCP 内部検証の進め方

1）内部検証と監査

　HACCP チームの役割には、適切に検証を行い、当該結果に基づき、必要に応じ、HACCP 計画を修正することが挙げられる。しかしシステムレベルの検証の対象は、HACCP チームが行ったハザード分析や作成した HACCP プラン、前提条件プログラム（PRP）としての一般衛生管理プログラム等である。システムレベルの検証には、HACCP チームの活動自体の検証が含まれるため「自らの仕事を監査してはならない」という監査の基本と矛盾をきたす。チーム自らが実施したハザード分析や作成した文書、またその運用について客観的に評価できるとは限らないからである。

　このシステムレベルの内部検証は、ISO 9001（JIS Q 9001）、ISO14001（JIS Q 14001）あるいは ISO 22000 など ISO のマネジメントシステム（MS）規格で要求している内部監査と同様の監査活動である。HACCP におけるシステムレベルの内部検証も安全な製品が一貫して製造・加工されていることを保証するための重要な役割を担っている。

2）内部検証の特徴

　HACCP をシステムとして活用するためには、内部検証を確実に実施することが重要であるが、内部検証には次のような長所、短所の両面がある。

　内部検証担当者が作業内容をよく理解しているので、日ごろ使っている言葉で話ができる。社内で実施するため、年間計画が立てやすく、変更にも対応しやすい。そのため部門ごとに的を絞った計画を立てることができる。また不適合が見つかったとき、修正や是正処置を一緒に考えて改善につなげることができる。第三者に外部検証を依頼する場合に比べコストがかからないなどは長所である。

　一方、内輪で実施するため緊張感に欠けたり、形式的になったりする可能性がある。低い地位の内部検証担当者が高い地位の者に質問したり、観察したりする場合、地位の差が無言の圧力となって、客観性が損なわれるおそれがある。計画が立てやすい反面、関係者の都合のよいときだけ行われる可能性がある。経営者が内部検証の意義を意識しておかないと、結果が報告されず、いつのまにか実施されなくなったりする。内輪とはいえ内部検証担当者への教育・訓練にはそれなりの時間とコストがかかることなどが短所として挙げられる。

　そのため業界団体による HACCP 認定・認証を取得したり、第三者に依頼するなどしたりして、定期的な HACCP システム検証を実施することもある。その場合であっても内部検証は重要である。その理由は、内部検証で重大な不適合が検出された場合であっても、速やかに改善措置や修正が実施されていれば、HACCP システムとしては機能していると評価できるからである。この場合、安全でない可能性のある製品の出荷を防ぐことができなかった点は不適合であるが、検証活動で不適合を発見でき、対策を講じていることは適合である。他方、内部検証を全く実施しておらず、外部検証で重大な不適合が検出された場合、HACCP システムは機能しておらず「不適合」と評価される。第三者認証の取り消しという事態も起こり得る。

3）HACCP 内部検証の準備と結果の報告

　本来、HACCP 内部検証の計画は、コーデックスの HACCP 適用の指針に沿って作成されるものである。しかし、CCP ごとの HACCP プランの検証活動は限られているので、システムレベルの検証活動を別途文書化しておくべきである。内部検証担当者（チームおよびリーダー）があらかじめ決まっていない場合は、実施に先立って HACCP チームリーダーが決める必要がある。内部検証に携わる者も、HACCP チームメンバーと同様に HACCP に関する相当程度の知識を持たなければならない。

　内部検証チームは内部検証の実施に先立って、当該内部検証の範囲を明確にし、関係者と相談し実施日時を決める。

　HACCP システムに関する基準をもとにチェックリストを作成する。あらかじめ製品説明書、フローダイアグラム、工程説明書、ハザード分析、HACCP プラン、PRP などの文書を入手できる場合、それらの内容を精査し、当日現場で確認したい事項を整理し、チェックリストに加えておくとよい。

　内部検証は、現場の確認およびサンプリングした記録の精査によって実施するが、いずれも公正かつ客観的でなければならない。そのため確認した客観的な事実、すなわち

証拠を記録することが必須である。証拠をその場で記録するため、記録様式を作成しておく必要がある。チェックリストと組み合わせた様式にするなど工夫する。

　内部検証チームはそれらの事実について対象部門で内部検証に対応する者（例えば、HACCP チーム、特定の CCP を担当する現場の責任者、品質管理室の責任者など）の合意を得たうえで、報告書を作成しなければならない。

　検証の対象部門は内部検証チームの報告を受けて、必要に応じた修正または是正処置をとらなければならない。さらに内部検証チームは、修正または是正処置の内容について必要に応じてフォローアップの検証を実施しなければならない。このような内部検証の結果は経営者に報告されなければならない。

4）チェックリストの長所と短所

　チェックリストは内部検証の実施にあたって有効なツールとなる。チェックリストによって一貫性のある内部検証を実施することができ、質問忘れを防ぐことができる。またサンプルの取り方や評価法など、あらかじめ確認方法を決めておけるので、段取りよく、時間の節約ができる。さらに記録が見やすくなり、内部検証の証拠を維持しやすいなどの長所がある。

　一方、チェックリストを用いると内部検証担当者が紋切り型の質問をするようになる。チェックリストに不備があれば重要な事項を見落とす。チェックリストの順序どおりに行おうとして柔軟性がなくなる。そのため全体を通じて確認できることを逐一確認してしまう、あるいは関連する他部門の不適合に気づかないなどの欠点もある。

8. HACCP 内部検証の実際

　システムレベルの検証は内部検証であっても時間と担当者を要するものである。どの程度の時間をかけて実施すべきかの指針はないが、目安がなければ計画を立てにくい。そこで米国 FDA が監視員のために作成した HACCP 監視トレーニングプログラムを参考に実践的な進め方を解説する。実際の FDA の HACCP 監視は 1 日ないし 2 日をかけて実施されるようであるが、ここでは 1 日で実施する例を示すこととした。必要に応じて時間配分は変更できる。

システムレベルの HACCP 検証の時間配分例：

ステップ	内部検証の進め方	時間配分*	立会者
1	開始時会議	08：30〜08：45	HACCP チーム全員
2	最初のインタビュー	08：45〜09：15	対応者
3	現場確認（ウォーク・スルー）*	09：30〜11：00	対応者
4	HACCP 文書の確認	11：00〜12：00	対応者
5	記録の確認	13：00〜14：30	対応者
6	報告書の作成	14：30〜15：00	なし
7	終了時会議	15：00〜15：30	HACCP チーム全員

*必要に応じて午後も現場確認を行う。また始業前、終業後の現場確認が必要な場合もある。

1) 開始時会議

　まずはじめに、内部検証チームと検証される部門（例えば、HACCPチーム）が互いに挨拶をする。内部検証チームは、あらかじめ作成した計画に基づいて目的、範囲、時間配分などを説明し、確認する。内部検証チームが自らハザード分析を実施し、モニタリングの実際を観察するため、内部検証の範囲には当日製造している製品を含める必要がある。製造期間が限定された製品を対象とする場合には、記録の確認によってのみ実施せざるを得ないが、その場合でも類似の製品の製造現場を確認することが望ましい。本会議で、以降の現場および記録を確認する際の対応者（案内者）を決める。

2) 最初のインタビュー

　当日、初めてHACCP文書を確認する場合、開始時会議で実際の製品および製品説明書の詳細、製造工程の概略について少々時間をかけて確認する。実際の製品および製品説明書を確認することにより、考慮すべきハザードが予想できる。

　ただしフローダイアグラムの詳細、ハザード分析の結果、HACCPプラン、PRPの確認は現場で行うため、ここでは各文書の存在を確認する程度でよい。

　内部検証チームは、服装、持ち物（記録様式、筆記用具、クリップボード）、入場手順、その他工場のルールに従わなければならない。

3) 現場確認（ウォーク・スルー）：検証者が自ら行うハザード分析およびHACCPプランが適切に実施されているかの判定

　まず、内部検証チームは独自のハザード分析を行う。可能であればフローダイアグラムに沿って原材料の搬入から出荷までの工程を確認するとよいが、入場のルールなどによりフローダイアグラムどおりには確認できないこともある。また製造時間との関係で順序が逆になることもあり得るが、最終的にすべての工程を確認する。

　どの原材料や工程で管理が不十分になり、ハザードが発生する可能性があるか観察し、さらに現場の責任者や担当者に多くの質問を行う。質問は、オープンクエスチョンとし、「はい」、「いいえ」で会話が途絶えるクローズドクエスチョンは避ける。ただし質問を受ける側は緊張のためうまく答えられないこともある。その場合は案内役のHACCPチームや現場の責任者などにも声をかけ、事実を確認する。また稼働中の現場では作業の妨げとならないように注意することも重要である。

☆**実践のポイント：観察**
・原材料の受入れ、保管の状況
・各工程の所要時間、滞留の有無
・各工程における品温の推移
・工程のモニタリングに使用されている計測器の種類・性能
・食品添加物の使用（特に、使用基準が定められたもの）
・機械装置、器具の状態

☆**実践のポイント：質問（オープンクエスチョン）の例**
・原材料はどこから来るのですか？
・受入れ時にどのような検査を行いますか？
・原材料の供給者からどのような情報を入手していますか？
・加熱殺菌の温度と時間の条件はどのくらいですか？
・その条件はどのようにして決めたのですか？
・通常、この製品の冷却する時間はどのくらいですか？
・製品は何度で保管しますか？
・製品を保管する最長の時間はどのくらいですか？
・その時間を超える場合はどうしますか？

　ウォーク・スルーの時間は限られているが、その間に内部検証チームは原材料および工程に由来する潜在的なハザードを列挙しなければならない。また最初のウォーク・スルーは施設・設備の状態や PRP の実施状況を観察する機会でもある。多くの潜在的なハザードは PRP で管理されていることがわかるはずである。逆に PRP の不備が発見されることもある。

　PRP が適切に機能していれば、HACCP プランで管理すべき重要なハザードが何と何であるか判定しやすくなる。そして工程ごとにそれらの重要なハザードに対する管理手段が何であるか判断し、CCP がどの工程であるかを考える。

　なお、HACCP 適用の初期段階では PRP に不備が見つかることも多いので、現場で時間配分を調整することもあり得る。

　あらかじめ HACCP プランを精査している場合は、CCP ごとに実際のモニタリング作業を観察する。モニタリング担当者を観察して、実際の測定や記録の手順を確認する。

☆**実践のポイント：HACCP プランの実施内容の確認**
・HACCP プランに規定された方法でモニタリングを実施しているか
・HACCP プランに規定された頻度でモニタリングを実施しているか
・適切なモニタリング用の計測器が設置され、使用できるか
・モニタリング用の計測器は正確に稼働しているか
・モニタリング用の計測器は校正されているか（校正の状態が識別できるか）
・モニタリングの結果を正確に、ただちに記録しているか
・CL から逸脱した場合、改善措置を取っているか
・改善措置を記録しているか
・製品検査などの検証方法を実施しているか
・検証結果を適切に記録しているか

★**例えば（不適合の事例）：**
・自記温度記録計の記録に打刻された時刻が、実際の時刻と異なっていた。
・モニタリングの対象が、どの計測器が示す値か決まっていなかった。
・装置が示している温度は、設定温度であり、実際の温度ではなかった。
・モニタリングの結果と時刻は、シフトの交代のタイミングにまとめて書いていた。
・計測器の値と記録した値の桁数が、担当者ごとに違っていた。
・現場に複数の時計が掛かっていて、それぞれが示す時刻にずれがあった。
・モニタリング時刻の記録に使う時計は担当者により異なっていた。
・モニタリング担当者は、HACCP プランに規定された者ではなかった。

　　現場から戻ったら、内部検証チームは自らが実施したハザード分析結果をまとめる。原材料およびフローダイアグラムの各工程における生物的、化学的、物理的な（潜在的）ハザードを考え、それらが普通に考えて起こりやすく（reasonably likely to occur）、かつ HACCP プランで管理すべき極めて重要な（significant）ハザードであるか判定する。

4) HACCP 文書の確認

　　内部検証チームの考えがまとまったら、HACCP 文書の内容を確認する。

☆**実践のポイント：HACCP 文書とは**
・HACCP チームの編成と主な担当
・製品説明書
・フローダイアグラム
・ハザード分析結果
・HACCP プランおよび記録様式
・PRP および記録様式

① 製品説明書、フローダイアグラムの確認

まず製品説明書とフローダイアグラムは、ウォーク・スルーで確認したとおりであったか比較する。フローダイアグラムが一致しない場合は、その違いについて対応者から説明を求めるか、再度、現場で確認すべきである。内部検証者が見落としたり、現場で機器や作業手順の変更があったにも係わらずフローダイアグラムが修正されていないことがあったりする。

② ハザード分析結果（危害要因リスト、ハザード分析ワークシートなど）の評価

引き続き内部検証チームは、自ら行った潜在的なハザードの重要性の判断、管理手段および特定された CCP と、HACCP チームが実施したハザード分析結果を比較する。原材料中に存在する可能性のある生物的ハザードについては、疫学情報や汚染実態調査から病原体の名称まで明らかにする方が、のちに管理に必要な条件を特定できるので望ましい。しかし、工程由来のハザードは、HACCP 適用段階では「病原菌の存在」や「病原菌の生残」のように漠然と捉える傾向がある。ハザードの種類によって発生する要因や管理手段が異なるので、少なくとも芽胞菌と無芽胞菌、通性嫌気性菌と偏性嫌気性菌など細菌の性状を踏まえたハザード分析であることが求められる。HACCP システムの運用が定着し、維持の段階ではハザードをより明確に捉えるべきである。

また、ハザードの定義は「健康に悪影響をもたらす可能性のある食品中の生物的、化学的または物理的要因」である。ハザードは物質だけでなく、それらが問題となる状態（例えば、半製品の品温が上昇することにより病原細菌が増殖する）も含めた要因である。

次に内部検証チームが特定した重要なハザードと、HACCP チームが特定したものが同じであるか比較する。同じでない場合は対応者に質問し、その根拠となったデータ、参考文献や資料などがあれば内容を確認する。内部検証チームは報告書を作成するときに必要になる HACCP チームの説明やそれらの出典を記録しておく。

ハザード分析結果の比較では、まずは HACCP プランで管理すべき重要なハザードが一致しているかいないかを確認する。重要なハザードについて合意した後、内部検証チームが特定した CCP と比較して、①数も場所も一致する、②数は一致するが場所が異なる、③数が少ない、④数が多い、のいずれかの結果が得られる。

重要なハザードが同じであっても、CCP が異なったり、少なかったりすることはあり得る。内部検証チームは、CCP を決定した根拠について質問し、HACCP チームの論理的根拠を理解しなければならない。不必要な CCP が特定されている場合は、HACCP プランの意味が曖昧になること、現場に過度の負担がかかり効率的でないことを説明する必要がある。

☆**実践のポイント：ハザードの捉え方の例**
・不適切な時間／温度管理に起因する病原菌の増殖および毒素の産生
・ボツリヌス菌の毒素の産生
・不適切な乾燥処理に起因する病原菌および毒素の産生
・バッター・ミックス液中での黄色ブドウ球菌の毒素の産生
・加熱調理後も生残する病原菌
・低温殺菌後も生残する病原菌
・低温殺菌および特定の加熱調理後の病原菌による二次汚染
・原材料に由来する残留動物用医薬品
・原材料に由来するヒスタミンの存在
・加工工程中のヒスタミンの産生
・原材料に由来するアフラトキシンの存在
・工程に由来するアレルギー物質の混入
・使用禁止の食品添加物の混入
・使用基準が定められた食品添加物の過量使用
・原材料および工程からの金属片の混入
・工程に由来するガラス片の混入

③ HACCP プランの評価

　内部検証はあらかじめ設定された検証基準に基づいて実施される。最初の HACCP システム適用段階と、システムの運用、維持の段階では検証の基準は異なる。しかし HACCP システム本来の目的は重要なハザードを確実に管理することであり、HACCP 文書の書き方の上手い下手ではない。確実な管理とは、CCP に該当する工程のパラメータがモニタリングされ、CL を超えたときには改善措置がとられ、それらの記録が適切に付けられて保管されていることである。HACCP 文書の内容を検証するときに大切なポイントは、実際の工程の管理が適切であるか否かである。文書の不備は、単に文書上の不備である。

　内部検証チームが重要なハザードがあると特定したにもかかわらず HACCP プランがない場合は、不適合として報告書を作成する必要がある。

　HACCP プランがある場合はその内容について評価する。

☆**実践のポイント：HACCP プランの評価**
・HACCP プランを承認したのは誰か（署名）。
・日付は１年以内か（少なくとも年１回の見直しを実施しているか）。

☆**実践のポイント：HACCP プランで管理するハザード、CCP および CL**
・内部検証チームが、ハザード分析で特定した重要なハザードに対して、CCP が決まっているか。
・CCP に対して CL を設定しているか。
・CL は適切か。

☆**実践のポイント：モニタリングの手順**
・設定されたすべての CL に対してモニタリング手順を記述しているか。
・モニタリング手順は、方法および頻度において適切か（連続的なモニタリングでない場合、モニタリングとモニタリングの間に CL からの逸脱が起こり、それを見逃すおそれはないか）。
・モニタリング記録様式は、記録に適しているか。
・規定された頻度でモニタリングが実施されたことがわかるか。
・CL を満たしていたことがわかるか。
・モニタリングの時刻と担当者がわかるか。
・記録の見直しの担当者、見直しの日付がわかるか。

☆**実践のポイント：改善措置の手順**
・各 CL に対して改善措置の手順を記述しているか。
・改善措置の内容は適切か（工程の管理状態、対象となる製品の特定方法および改善措置の担当者）。

☆**実践のポイント：検証の手順**
・モニタリングに用いるすべての計測器の校正の手順を記述しているか。
・校正の手順は、方法および頻度において適切か。
・製品検査または他の測定方法が、必要に応じて含まれているか。
・記録の見直しの担当者および頻度は適切か。

　内部検証の当日、初めて HACCP 文書を評価する場合、あるいは HACCP プランの評価結果から疑問が生じた場合は、再度現場に戻り、HACCP プランを実施している現場の観察およびインタビューを行う。

5）記録の点検と評価

　記録を点検し、次の事項を評価することにより、HACCP プランが一貫して適切に実施されているか否かを判断することができる。
　一定の製造日の、CCP に関する記録および PRP に関する記録を抽出する。ある製造日の記録を調べれば、その日の工場の作業内容の全体が理解できる。特定の製品について内部検証することが指示されていなければ、ウォーク・スルーで実際の記録付けの様

子を観察できる内部検証当日に製造されている製品を選ぶ。ウォーク・スルーの最中、または記録の点検中に、他の製品にも影響を及ぼす可能性のある問題が発見されれば、それらの製品も対象として記録を点検する。

　記録を点検する目的の一つは、時間と製造ラインの両方の観点から、問題の範囲を特定することである。

☆実践のポイント：記録点検の目的
・記録が完全で正確であるか。
・適切な CL が常に満たされているか。
・CL が満たされていなかったときには改善措置が行われているか。
・HACCP プランに規定した校正、製品検査、その他の測定が行われているか。
・記録の点検が適切な時期に行われているか。

☆実践のポイント：HACCP 記録とは
・CCP のモニタリング記録
・CCP の改善措置記録
・検証の記録
・PRP のモニタリングの記録（モニタリング記録および修正があったときの記録）

☆実践のポイント：記録の抽出方法の例
1. 前回の内部検証、または HACCP プランが運用されてからの、当該製品の製造日数とその日付を確認する。
2. 製造日数の平方根をとる。これが選ぶべき日数となり、必ず 12 日以上の日数を選ぶ。
3. 選んだ日を月ごとに振り分ける。その月の製造日数に釣り合った日数に振り分ける。製造日が少ない場合でも少なくとも 1 日は選ぶようにする。
4. 次のような問題が起こりやすい日をターゲットとし、記録の点検をすべき日を選ぶ。
・季節的な操業休止または変更後
・HACCP プランの変更後
・設備の変更後
・従業員の異動後
・生産のピーク時、特に生産量が最大生産可能量を超過したとき
・シフトが長時間に及んだとき、または時間外労働のとき
・休日または週末

☆**実践のポイント：モニタリング記録の点検**

・モニタリングは決められたとおり行われているか。

・CL は満たされているか。

・必要なときに改善措置は行われているか。

・"OK"、"適合" または "超過" のような用語でなく、実際の値や観察結果が記入されているか。

・モニタリングを行った日付と時刻が記入されているか。

・モニタリング担当者のサインまたはイニシャルが記入されているか。

・製品名、ロット番号またはライン番号などによる製品の識別ができているか。

・記録点検者のサインおよび日付が記入されているか。

・記録点検の日付は、HACCP プランに規定した期間内か。

★**例えば：**

・CCP1 のモニタリング記録は 17：30 が最後になっているが、続く CCP2 の記録は 20：04 まであった。CCP1 と CCP2 の間は短時間であり、17：30 に CCP1 は終了しておらず 17：30 以降の記録がなかった。CCP1 のモニタリング担当者の勤務終了後、モニタリング担当者が不在となったこと、当該シフトの作業者は測定したが、記録しなかったことが原因であった。

・あるバッチの加熱工程のモニタリング記録は 13：15 となっていた。
その後の冷却工程のモニタリング記録によれば、15：30 に冷却後中心温度が 10℃ 以下となっていた。通常、冷却には 15 分しかかからないので、加熱後、約 2 時間放置されていた可能性があった。

☆**実践のポイント：改善措置記録の点検**

・実施した改善措置の内容が記録されているか。

・改善措置を実施した日付は記入されているか。

・改善措置記録に担当者のサインまたはイニシャルが記入されているか。

・製品名、ロット番号またはライン番号などによる製品の識別ができているか。

・記録点検者のサインまたはイニシャルおよび点検の日付が記入されているか。

・実施した改善措置の内容は適切か。

☆**実践のポイント：検証記録の点検**
・モニタリング用計測器の校正はHACCPプランに規定した方法と頻度で行っているか。
・試験検査・測定はHACCPプランに規定した方法と頻度で行われているか。
・検証結果は、実際の値または観察内容が記入されているか。
・検証記録は、適切な期間のうちに点検されているか（点検者のサインまたはイニシャル）。
・検証の結果、必要に応じて適切な改善措置が行われているか。

★**例えば：**
・ある期間、温度のモニタリング記録の小数点以下の書き方が普段と異なっていた。その理由をヒアリングしたところ、温度計が壊れたので修理に出していたことがわかった。その間どのように測定したのか記録がなかったが、記憶から予備の温度計を使ったことがわかった。しかし予備の温度計は校正されておらず、その間のCCPが適切に管理されていたことを保証できなかった。
　この事実から以後、予備の温度計も含めて校正することとした。またモニタリング用の温度計に番号をつけ、モニタリング記録に番号を記入することとした。
・製品の微生物試験は定期的に外部機関に依頼し、検証としていた。しかしながら、単に試験成績書がファイルされているだけで、検証結果の見直しが行われていなかった。また試験検体の採取方法、試験部位および試料調製方法の記録がなかった。
　この事実から以後、外部機関に依頼する際、試験検体名は製品名およびロット番号とし、ライン番号、サンプリング方法、サンプル調製などの詳細は社内記録とすることとした。試験成績書が届いたら直ちに、詳細の記録とともにHACCPチームリーダーが点検することとした。

☆**実践のポイント：偽造が疑われる記録**
・規則正しすぎるモニタリングの頻度
・完全に一致したモニタリングの値
・きれいすぎる記録用紙
・担当者が複数いるのに筆跡が同じ
・つじつまの合わない出来事

6）報告書の作成
　内部検証チームは発見したHACCPシステムの不適合を整理して報告書を作成する。PRPに関する内部検証も実施する場合は、同時に報告書にまとめる。
　外部機関による検証では多くの場合、不適合のみ列挙されることが多いが、内部検証では適合の事実も報告書に簡潔にまとめるとよい。

☆**実践のポイント：報告書の作成**

・観察した事実を記述する。

・必要に応じて、その証拠（例えば記録のコピー等）も添付する。

・簡潔で端的な表現にする（わかりやすい表現であること）。

・潜在的なハザードまたは CCP で管理すべきハザードに係わることを記述する。

・簡潔になるよう、同じような観察内容ごとに分類し記載する（項目数より、内容を重視する）。

・事実に基づく結論を書く（個人的見解や憶測による結論にしない）。

・監査基準のどの箇条に関する不適合なのか明確にする。

★**例えば：**

・2014 年 5 月 18 日、08：20 の時点で 30 分ごとに記入されるはずの加熱工程のモニタリング記録が、当日の 08：30 から 13：30 まですでに記入されていた。

・加熱工程のモニタリング記録には、測定予定時刻が記入されており、実際のモニタリング時刻は記録されていなかった。

・2014 年 5 月 18 日の殺菌工程のモニタリング記録において、殺菌温度が CL を 3 ℃ 下回ることが 2 回あったが、改善措置の内容が記録されていなかった。

・2014 年 5 月 18 日の殺菌工程のモニタリング記録において、殺菌温度が CL を 3 ℃ 下回ることが 2 回あったが、改善措置を実施していなかった。

・週末、冷蔵庫で半製品を保管することが、フローダイアグラムに記載されていなかった。冷蔵庫保管中の半製品のヒスタミンの生成についてハザード分析されていなかった。

・PRP では、調理台は使用後、洗浄・殺菌することが規定されているが、2014 年 5 月 18 日の担当者は 17：30 に水で洗浄しただけで、殺菌しなかった。PRP のモニタリング記録では、毎日、洗浄・殺菌は "OK" と記録されていた。

・男性従業員用トイレの手指洗浄用の洗剤容器 2 台は、いずれもノズルが錆びついており、洗剤が出なかった。PRP のモニタリング記録では、毎日、洗剤は "OK" と記録されていた。

7）終了時会議

　終了時会議では、内部検証チームは会議出席者に対し、関係者の協力により内部検証が無事終了したことについて礼を述べる。その後、内部検証チームは、あらかじめ作成した報告書の内容を説明する。必要な部数をコピーして会議出席者に配付することもよい。

　その後、会議出席者からの質問に答える。外部検証の場合、不適合に対する是正について検証側からアドバイスすること（コンサルティング）は禁じられていることが多い（ISO のマネジメントシステム審査では明確に禁止されている）が、内部検証の場合はアドバイスも可能である。しかし、報告書の作成と同様、個人的見解や憶測によるアド

バイスは避けなければならない。最終的な是正計画は当事者が作成すべきである。

　報告書の内容に合意を得た後、内部検証チームリーダーおよび会議出席者の代表（HACCP チームリーダー）は署名（日付）する。終了時会議では報告書の原案を示し、最終的な報告書は後日提出することもあるが、あくまでも合意を得た客観的な事実の範囲を超えてはならない。

おわりに

　HACCP システムの目的は、食品安全に関する重要なハザードを管理することであり、適切に管理されたことは記録によって証明されなければならない。また CL からの逸脱を見逃してはならない。逸脱が検出された場合は改善措置が求められる。改善措置はモニタリングによって逸脱が判明したときと同様、検証活動の結果から逸脱が判明したときも実施しなければならないことがある。通常、HACCP プランにはモニタリングによって逸脱が判明した場合の改善措置を記載するが、それだけではないことを認識しておかなければならない。検証活動から判明した改善措置の対象となる製品は広範囲になり、消費者にとっても企業にとってもリスクは大きくなる。

　検証の頻度は HACCP プランの信頼性によって決める必要があるが、その頻度は HACCP システムを運用しながら変更していくことが可能である。したがって HACCP は重要なハザードを、モニタリングと検証の組み合わせで管理するシステムであり、常に有機的に連動して稼働していなければならない。単なる HACCP 文書の管理では意味がない。

　特に HACCP システムでは定期的および必要に応じて、システム全体の検証および HACCP プランの妥当性を確認することを求めている。HACCP 内部検証の最大のポイントは、必要なときに HACCP システム全体の検証および HACCP プランの妥当性確認が行われたかどうかを確認することである。

☆**実践のポイント：HACCP プランの妥当性確認の頻度**
・最初に、および最低 1 年に 1 回
・少なくとも次の変更があったとき
　　　原材料
　　　製造工程またはシステム（コンピュータとそのソフトを含む）
　　　包装資材および形態
　　　最終製品の配送流通システム
　　　最終製品の意図した使用または意図した消費者（使用者）
・検証の結果、HACCP プランの欠陥またはその可能性が示唆されたとき
・同一の食品または食品群において新たなハザードが判明したとき
・製品の安全性に関する新たな情報が得られたとき

　妥当性確認と検証の関係はわかりにくいとされるが、順序を理解するとわかりやすくなる。まず HACCP プランの妥当性を確認して、HACCP プランを作成する（Plan）。次に HACCP プランどおりモニタリングする（Do）。そして HACCP プランどおりでよ

かったかどうかを検証する（Check）。最初の妥当性確認が適切であれば、検証結果に問題はないはずである。検証の結果、問題が判明したり、その可能性が示唆されたりした場合には、再度、妥当性確認（revalidation）を行って、HACCPプランを改定しなければならないのである（Act）。

　HACCPシステム構築当初の内部検証ではHACCP文書の不備を指摘しがちであるが、大切なのは、重要なハザードが管理されていること、記録に不正がないこと、さらに逸脱を見逃していないことである。

　内部検証する側、される側が議論を通じてHACCPシステムへの理解を深め、食品の安全性が確保されることを期待したい。さらに企業内のコミュニケーションとマネジメントシステムを向上させるためにもHACCPシステムを有効に活用してほしい。特に指導的立場にあるHACCP内部検証を担当する方々は、監査結果から次のステップへのアドバイスを求められることになるだろう。終了時会議の項で述べたとおり、監査とコンサルテーションは切り分けて考えなければならない。例えばISO 9001（品質マネジメント）に係わるコンサルタントには知識、技能、経験に加えて、次のような個人的特性が望ましいとされている（JIS Q 10019：2005）。品質マネジメントシステムを、HACCPシステムと読みかえていただきたい。これらは一朝一夕に身につくものではないが常に心がけておきたいものである。

コンサルタントに望まれる個人的特質（JIS Q 10019：2005品質マネジメントシステムコンサルタントの選定およびそのサービス利用の指針より抜粋）

a) 倫理的である　公正である、信用できる、誠実である、正直である、そして分別がある。

b) 観察力がある　組織の文化および価値、物理的な周囲の状況ならびに活動を絶えず、かつ、積極的に認識する。

c) 知覚が鋭い　変化および改善の必要性を意識し、理解できる。

d) 適応力がある　異なる状況へ適応でき、他の選択肢や建設的な解決策を提供できる。

e) 粘り強い　根気があり、目的の達成に集中する。

f) 決断力がある　論理的な思考および分析に基づいて、時宜を得た結論に到達することができる。

g) 自立的である　他人と効果的なやりとりをしながらも自主的に行動し、役割を果たすことができる。

h) コミュニケーション能力がある　確信のあるそして組織文化に敏感な態度で、組織のあらゆるレベルの人々の意見に注意を払い、効果的に仲立ちすることができる。

i) 実践的である　優れた時間管理能力を持ち、現実的、かつ、柔軟である。

j) 責任説明能力がある　自己の行動に対する責任をとることができる。

k) 推進支援能力がある　品質マネジメントシステムの実現を通じて、組織の運営管理および従業員を支援できる。

参考資料

- Codex 食品衛生の一般原則 2020 ―対訳と解説―：公益社団法人日本食品衛生協会（2021）
- HACCP 監視トレーニングプログラム（Seafood HACCP Regulator Training Program by FDA）HACCP の実践的なノウハウを身につけるために：厚生省生活衛生局乳肉衛生課監修、社団法人日本食品衛生協会（1998）（絶版）
- Juice HACCP Regulator Training（2002）：https://www.fda.gov/food/hazard-analysis-critical-control-point-haccp/juice-haccp-regulator-training
- 米国水産食品 HACCP 規則：21CFR Part 123
- 米国ジュース HACCP 規則：21CFR Part 120
- HACCP：Hazard Analysis and Critical Control Point Training Curriculum、6th Edition：US Seafood HACCP Alliance for Education and Training（2017）
- National Seafood HACCP Alliance、HACCP：危害要因分析および重要管理点教育訓練カリキュラム（第 6 版）：一般社団法人大日本水産会（2018）
- Fish and Fishery Products Hazards and Controls Guidance、4th Edition：US FDA（2020）
- FDA 魚介類と魚介類製品におけるハザードと管理の指針（第 4 版）：一般社団法人大日本水産会（2020）
- JIS Q 9001：2015 品質マネジメントの国際規格：日本規格協会（2015）
- JIS Q 10019：2005 品質マネジメントシステムコンサルタントの選定及びそのサービス利用の指針：日本規格協会（2005）
- JIS Q 19011：2019 マネジメントシステム監査のための指針：日本規格協会（2019）
- ISO 31000：2018 リスクマネジメント解説と適用ガイド：リスクマネジメント規格活用検討会編著：日本規格協会（2019）

付録1
ハザード分析ワークシートの様式例
出典：コーデックスの食品衛生の一般原則（CXC 1-1969, Rev.2020）図2

(1) 工程*	(2) この工程で侵入、コントロール、または増大する可能性のあるハザードを特定する B：生物的 C：化学的 P：物理的		(3) この可能性のあるハザードはHACCPプランで取り組む必要があるか？		(4) カラム3における判断を正当化する	(5) ハザードを予防、除去または許容レベルまで低下させるために、どのような手段が適用できるか？
			はい	いいえ		
	B					
	C					
	P					
	B					
	C					
	P					
	B					
	C					
	P					

＊食品に使用されるすべての原材料について、ハザード分析を行うべきである。これには2つの方法があり、1つは原材料の受入工程で原材料に関するハザード分析を行う方法、もう1つは原材料と工程で、別々にハザード分析を行う方法である。

補）ハザード分析（原則1）は第1欄から第5欄で行う。

6欄様式を用いる場合、第6欄は重要管理点（CCP）の決定（原則2）に際して使用する。

付録 2

HACCP プランの様式例 1

(1) 重要管理点 (CCP)	(2) 重要なハザード	(3) 管理基準 (CL)	(4)(5)(6)(7) モニタリング				(8) 改善措置	(9) 検証活動	(10) 記録
			(4) 何を	(5) どのように	(6) 頻度（いつ）	(7) 誰が			

付録3

HACCP プランの様式例2

重要管理点		
重要なハザード		
管理基準（CL）		
モニタリング	何を	
	どのように	
	いつ （頻度）	
	誰が	
改善措置		
検証活動		
記録		

注）CL に複数のパラメータが設定されている場合、それぞれ逸脱した場合の改善措置、検証方法が設定されるため、CL との関係が明確になるように記載する必要がある。

付録4

HACCP 適用のための内部検証チェックリスト例

はじめに

　この内部検証チェックリスト例は、「食品衛生管理票について」（厚生労働省医薬・生活衛生局食品監視安全課長通知令和3年3月26日付、薬生食監発0326第5号）の別添3（食品衛生監視票の評価の考え方）の「Ⅲ　HACCP に基づく衛生管理に関する事項」に関する評価項目を参考に作成した。

　食品衛生法施行規則別表第18には、準備段階（手順1〜5）の規定はないがコーデックスの HACCP 適用の指針に沿って評価項目を加えた。また、一般衛生管理は対象としていない。

　表1は、内部検証の報告書として利用できるように構成した。内部検証チームは、各評価項目について客観的事実をコメント欄に記載する。また、内部検証結果から得られた総合的な評価およびアドバイスを総合評価欄に記載する。各評価項目の考え方を表2に示した。

　なお、評価点の合計は50点となるように構成したが、合否判定の点数は設定していない。必要に応じて、内部検証チームに設定していただきたい。

表1．HACCP 適用のための内部検証チェックリスト

実施年月日および時間	
内部検証担当者（チーム）	
対象施設名	
対象施設所在地	
対象食品等	

手順 （原則） 番号	評価 項目	評価内容	評価 点
手順1		HACCP チームの編成	
	1	☐　HACCP チームを編成している。	2
手順2 手順3		食品の記述、意図する使用法および対象消費者の特定：製品説明書の作成	
	2	☐　安全性に関する必要な事項を記載した文書（製品説明書等）を作成している。 ☐　表2（考え方）の（1）〜（8）の一部のみ文書化されている（1点）。	2
手順4 手順5		フローダイアグラムの作成および現場確認	
	3	☐　フローダイアグラムを作成し、実際の製造工程および施設設備の配置に照らし合わせて適切か否かの現場確認を行っている。	2
コメント欄：			
手順6 （原則1）		ハザード分析（HA）：重要なハザードを特定し、管理手段を適切に定めている。	
	4	☐　工程ごとに潜在的なハザードを適切に特定している。	2
	5	☐　重要なハザードを適切に特定している。	4
	6	☐　ハザードが重要であると特定された工程ごとに、管理手段を適切に定め、ハザード分析の結果を文書化している。	4

			コメント欄：	

手順7 （原則2）		重要管理点（CCP）の決定：CCP を適切に決定している。	
	7	☐ 特定した重要なハザードについて、発生を予防、排除、または許容できるレベルまで低減するために管理手段を講ずることが不可欠な工程を決定している（2点）。 ☐ CCP を定めないこととした場合は、その理由（考え方）が適切である（2点）。	2

コメント欄：

手順8 （原則3）		管理基準（CL）の設定：決定した CCP に妥当性確認した管理基準（CL）を定めている。 （*CCP を設定していない場合は評価対象外）	
	8	☐ 各 CCP における重要なハザードについて、その発生を予防、排除、または許容レベルまで低減するための CL を設定し、適切である。	2
	9	☐ 各 CL は、温度、時間、水分含量等測定できる指標、外観等の官能的指標により設定されている。	2

コメント欄：

手順9 （原則4）		モニタリング方法の設定および実施：設定した各 CL のモニタリング方法を、適切に定めている。 （*CCP を設定していない場合は評価対象外）	
	10	☐ CCP モニタリング方法は、妥当性確認されていて、かつ連続的または相当の頻度であり、適切である。	2
	11	☐ 必要事項がすべて記載できるモニタリングの記録様式を作成している。	2
	12	☐ モニタリングがプランに規定された通りに実施され、記録されている。	2

コメント欄：

手順10 （原則5）		改善措置の設定および実施：CL 逸脱時の改善措置の内容を適切に定めている。 （*CCP を設定していない場合は評価対象外）	
	13	☐ 個々の CCP においてモニタリングの結果、CL を逸脱したことが判明した場合の適切な改善措置を定め、文書化している。	2
	14	☐ 実施した改善措置の内容は適切である。（*CL からの逸脱がなかった場合は評価対象外）	2

コメント欄：

手順11 （原則6）		HACCP プランの妥当性確認ならびに検証方法の設定および実施：手順6～10の効果を定期的に検証する手順を定め、実施している。 （HACCP プラン実施前の妥当性確認は、評価項目 8、9、10、13 および 15 で評価する。）	
		【HACCP プランごとの検証】（*CCP を設定していない場合は評価対象外）	
	15	☐ 原則1～5の内容、効果を定期的に検証するための適切な手順を定め、CCP ごとに HACCP プラン様式または CCP 整理票等に文書化している。	2
	16	☐ 文書化した HACCP プランごとの検証を実施している。	2
		コメント欄：	

		【HACCP プラン全体の検証および再妥当性確認の実施】	
	17	☐ 定められたとおり HACCP プランを実施していることを（自ら）確認している。（*CCP を設定していない場合は評価対象外）	4
	18	☐ 食品安全に影響を与える可能性のある変更があったとき、HACCP プランの内容について再妥当性確認を行っている。（*CCP を設定していない場合であっても評価対象）	4

コメント欄：

手順 12（原則 7）	記録の作成：モニタリング・改善措置・検証の実施結果の記録がある。（*CCP を設定していない場合は評価対象外）		
	19	☐ モニタリングの実施結果の適切な記録がある。 ☐ 記録に一部不備がある（1 点）。	2
	20	☐ モニタリング実施結果の記録の見直しおよび原則 1 ～ 5 の見直しの結果、CL からの逸脱や安全でない可能性のある食品の製造・出荷が判明したときに実施した改善措置の実施結果の記録がある。 ☐ 記録に一部不備がある（1 点）。	2
	21	☐ 検証の実施結果の適切な記録がある。 ☐ 記録に一部不備がある（1 点）。	2

コメント欄：

総合評価欄：

表 2．内部検証チェックリストの考え方

手順（原則）番号	評価項目	評価の考え方
手順 1		HACCP チームの編成
	1	・従業員が少数の場合、必ずしも複数名である必要はないが、製品やその製造について熟知している者が参加していること。 ・HACCP に関する知識・情報および助言は関係団体、行政機関、出版等から得てもよい。
手順 2 手順 3		食品の記述、意図する使用法および対象消費者の特定：製品説明書の作成
	2	・文書名は、記載内容が適切であれば製品説明書でなくてよい（製品仕様書やレシピ等）。 ・記載する事項の例：（1）製品の名称および種類、（2）原材料、（3）添加物の名称およびその使用量、（4）容器包装の形態・材質、（5）物理的・化学的性状および特性（水分活性、pH、アレルゲン等を含む）、微生物の殺菌／静菌処理（加熱、冷却、凍結、塩漬、燻製等）、（6）製品の規格（法令規格、自社規格）、（7）消費期限／賞味期限および保存条件、流通方法、（8）意図する用途および対象消費者。 ・意図する用途は、そのまま食べられる食品か、喫食時に更なる加工を要する食品か記載する。更なる加工を要する場合の加工条件を示しておく。対象消費者にハイリスク集

		団（乳幼児、病院食、老人ホーム向け等）が含まれている場合、その旨およびハイリスク集団向けに実施している衛生管理を記載しておく。 ・類似する特性または工程を有する製品をグループ化して一つにまとめて作成することができ、必ずしもすべての製品ごとに製品説明書を作成する必要はない。
手順4 手順5		フローダイアグラムの作成および現場確認
	3	・原料受入から出荷までのすべての製造工程を記載する（一時保管、外部委託、戻し工程等を含む）。類似する特性または工程を有する製品をグループ化して一つにまとめて作成することができ、必ずしもすべての製品ごとにフローダイアグラムを作成する必要はない。 ・現場の実態を正しく反映していない工程が認められた場合にはフローダイアグラムを修正する。フローダイアグラムを承認した日付と署名（HACCPチームリーダーまたは経営者）の記録が望まれる。
手順6 （原則1）		ハザード分析（HA）：重要なハザードを特定し、管理手段を適切に定めている。
	4	・類似する特性または工程を有する製品をグループ化して一つにまとめて作成することができ、必ずしもすべての製品ごとに1部ずつ作成する必要はない。
	5	・一般衛生管理を実施したうえで、発生頻度と健康被害の重篤性を検討している。
	6	・重要なハザードの発生を防止（予防、排除、または許容レベルまで低減）する管理手段を定めている。管理手段は当該工程ではなく、後工程の場合もある。 ・文書化には、ハザード分析ワークシートやハザード一覧表などを用いることができる。 ・重要なハザードがない場合は、その理由が適切である。その場合、評価項目7以降は評価対象外となる（表1の各評価項目に*を付した）。
手順7 （原則2）		重要管理点（CCP）の決定：CCPを適切に決定している。
	7	・文書化されたハザード分析ワークシートやハザード一覧表などに記載することができる。
手順8 （原則3）		管理基準（CL）の設定：決定したCCPに妥当性確認した管理基準（CL）を定めている。 （*CCPを設定していない場合は評価対象外）
	8	・CLは、各種の情報、規格基準、文献または実際の測定データ等によって妥当性確認され、設定されている。
	9	・各CLはモニタリングの現場で迅速に測定できることが望ましいが、逸脱時の改善措置が適切に実施できる場合は、測定に時間を要するパラメータをCLにすることも可能である。
手順9 （原則4）		モニタリング方法の設定および実施：設定した各CLのモニタリング方法を、適切に定めている。 （*CCPを設定していない場合は評価対象外）
	10	・8、9で設定した各CLに対応したモニタリング方法を決める。測定機器が示す有効数字や単位がCLと一致している。設定したモニタリング方法をHACCPプランに記載する。 ・モニタリングの要素は、何を（What）、どのように（How）、いつ（頻度）（When）、だれが（Who）が行うかで構成される。 ・モニタリング方法の妥当性確認には工程のばらつきを考慮した上でのモニタリングの頻度の設定、モニタリング箇所の設定（中心温度の測定箇所、加熱装置の温度計設置箇所など）などが含まれる。
	11	・モニタリング記録様式には、実施者、実施日時、モニタリング結果、それらを点検する責任者等の確認者、確認日付が記録できるようになっている。
	12	・モニタリング記録には、実施者、実施日時、モニタリング結果、それらを点検する責任者等の確認者、確認日付が記録されている。

手順10 （原則5）	改善措置の設定および実施：CL 逸脱時の改善措置の内容を適切に定めている。 （*CCP を設定していない場合は評価対象外）	
	13	・10 で設定したモニタリング方法で CL からの逸脱が判明したときの措置を決めている。 モニタリングの頻度と、CL からの逸脱の製品に対する措置の関係から、実行可能な内容 でなければならない。 ・改善措置の構成要素は、①安全でない可能性のある製品に対する措置および②工程を 正常に戻す措置が必要である。
	14	・改善措置の対象となった製品および措置の内容が記録されている。 ・措置の内容は適切である。
手順11 （原則6）	【HACCP プランごとの検証】（*CCP を設定していない場合は評価対象外）	
	15	・HACCP プランごとに記載する検証活動例： 　－　モニタリング記録および改善措置記録の確認 　－　モニタリングに用いる計測器の定期的な校正または正確さの点検およびそれらの記 　　　録の確認 　－　製品、中間製品の目的を定めた試験・検査およびそれらの記録の確認 　－　モニタリング手順の観察
	16	・HACCP プランに文書化した検証を実施しており、その記録がある。 ・HACCP プランごとの検証活動は適切に実施されている。
	【HACCP プラン全体の検証および再妥当性確認の実施】（18 は CCP を設定していない場合も評 価対象）	
	17	・HACCP プラン全体の検証活動例： 　－　違反・苦情が発生したときの原因究明と HACCP プラン修正の必要性の有無の検討 　－　最終製品の試験検査 　－　CCP モニタリング、改善措置および検証結果の傾向解析 ・HACCP プラン全体の検証（内部検証）を自ら実施できない場合は、第三者に委託す ることも可能である。 ・わが国の HACCP 制度化では定期的な見直しの頻度の規定はない。米国連邦規則では 1 年ごととされている。HACCP システムの運用開始から 1 年以内の場合は、評価しなく てよい。ただし、1 年以内であっても必要に応じて見直さなければならないことがある。
	18	・原則 1 ～ 5 の定期的な見直しおよび原材料や製法等に変更があった際等に、必要に応 じてハザード分析を実施し、HACCP プランの妥当性確認を実施して、HACCP プランを 修正している。
手順12 （原則7）	記録の作成：モニタリング・改善措置・検証の実施結果の記録がある。 （*CCP を設定していない場合は評価対象外）	
	19	・記録には、モニタリング実施結果、実施者、実施日時、確認者、確認日付がある。 ・記録様式は、これまでに使用していた作業日誌等、既存の様式をアレンジして、必要 事項を記録することもできる。
	20	・記録には、見直しの結果、実施者、実施日時、確認者、確認日付がある。 ・HACCP の運用に伴って原則 1 ～ 6 の見直しも必要である。改善措置はモニタリング により CL からの逸脱が発見されたときだけでなく、検証活動から CL からの逸脱が発見 された場合にも実施しなければならない。 ・検証活動から発見される CL からの逸脱時の改善措置は通常、HACCP プランには記載 する必要はないが、安全ではない食品が消費者に届くことを防がなければならない。
	21	・記録には、実施者、実施日時、確認者、確認日付がある。モニタリング機器の校正、 正確さの点検、試験検査等の結果の評価（確認）の記録が必要である。

改訂新版

HACCP 導入と運用の基本
―「Codex 食品衛生の一般原則」2020 年改訂対応―

2014 年 12 月 20 日　初版発行
2018 年 12 月 10 日　改訂版発行
2021 年 10 月 5 日　改訂新版発行

編　　　集　　荒 木　惠美子

発　行　人　　塚 脇　一 政

発　行　所　　公益社団法人日本食品衛生協会

　　　　　　　〒 150-0001
　　　　　　　東京都渋谷区神宮前 2-6-1
　　　　　　　食品衛生センター
　　　　　　　電　話　03-3403-2114（出版部普及課）
　　　　　　　　　　　03-3403-2122（出版部制作課）
　　　　　　　F A X　03-3403-2384
　　　　　　　E-mail　fukyuuka@jfha.or.jp
　　　　　　　　　　　hensyuuka@jfha.or.jp
　　　　　　　http://www.n-shokuei.jp/

印　刷　所　　大日本法令印刷株式会社